"十二五"国家计算机技能型紧缺人才培养培训教材

教育部职业教育与成人教育司
全国职业教育与成人教育教学用书行业规划教材

U0202208

新编中文版

Fireworks CS6 标准教程

编著／郭晓峰

光盘内容
59个视频教学文件、范例源文件和效果文件

Fw

海洋出版社

2013年·北京

内 容 简 介

本书是专为想在较短时间内学习并掌握 Fireworks CS6 的使用方法和技巧而编写的标准教程。本书语言平实，内容丰富、专业，并采用了由浅入深、图文并茂的叙述方式，从最基本的技能和知识点开始，辅以大量的上机实例作为导引，帮助读者轻松掌握中文版 Fireworks CS6 的基本知识与操作技能，并做到活学活用。

本书内容： 全书共分为 12 章，主要介绍了 Fireworks CS6 的基础知识；Fireworks CS6 的基本操作；矢量图形的创建与编辑；位图图像处理；文本对象的创建；滤镜的应用；元件、样式、层和蒙版；图像热点与切片；网页按钮和弹出菜单；动画的创建与编辑；图像的优化和导出等知识。最后通过综合案例—制作网站首页全面系统地介绍了 Fireworks CS6 在网页图形图像编辑方面的方法与技巧。

本书特点： 1. 基础知识讲解与范例操作紧密结合贯穿全书，边讲解边操练，学习轻松，上手容易；2. 提供重点实例设计思路，激发读者动手欲望，注重学生动手能力和实际应用能力的培养；3. 实例典型、任务明确，由浅入深、循序渐进、系统全面，为职业院校和培训班量身打造。4. 每章后都配有习题，利于巩固所学知识和创新。5.书中全部实例均收录于光盘中，采用视频讲解的方式，一目了然，学习更轻松！

适用范围： 适用于职业院校平面设计、网页设计、图形图像处理等专业课教材；社会培训机构相关培训教材；用 FireWorks 从事平面设计、网页设计的从业人员实用的自学指导书。

图书在版编目（CIP）数据

新编中文版 Fireworks CS6 标准教程/郭晓峰编著. -- 北京：海洋出版社，2013.12
ISBN 978-7-5027-8713-4

Ⅰ. ①新⋯　Ⅱ. ①郭⋯　Ⅲ. ①网页制作工具—教材　Ⅳ.①TP393.092

中国版本图书馆 CIP 数据核字(2013)第 257877 号

总 策 划：刘斌	发 行 部：(010) 62174379（传真）(010) 62132549		
责任编辑：刘斌	(010) 62100075（邮购）(010) 62173651		
责任校对：肖新民	网　址：http://www.oceanpress.com.cn/		
责任印制：赵麟苏	承　印：北京华正印刷有限公司		
排　版：海洋计算机图书输出中心　晓阳	版　次：2013 年 12 月第 1 版		
	2013 年 12 月第 1 次印刷		
出版发行：海洋出版社	开　本：787mm×1092mm　1/16		
地　址：北京市海淀区大慧寺路 8 号（707 房间）	印　张：14		
100081	字　数：348 千字		
经　销：新华书店	印　数：1~4000 册		
技术支持：010-62100055	定　价：32.00 元　（1CD）		

本书如有印、装质量问题可与发行部调换

前　　言

随着互联网技术的不断发展，各种网站也层出不穷，访问者对网页的要求也越来越高，尤其是网页中的图形图像，其设计制作的要求也越来越苛刻。Fireworks 是一款专用于网页图形图像制作与编辑的软件，它可以帮助网页设计人员随心所欲地制作需要的图形图像，是目前流行的网页图形图像编辑软件之一。

本书以由浅入深、循序渐进的方式，介绍了 Fireworks CS6 的使用方法，摒弃了教程类书籍理论重于实践的编写方法，通过丰富的实例、以图析文的讲解方式，使用户可以更轻松地学习全书知识。

本书在写作方式上采取"知识讲解＋课堂实训＋疑难解答＋课后练习"的方式，通过实例与知识点的结合，引导用户在一步步操作的过程中，有目的地练习和掌握相关知识，并通过课堂实训对该章内容进行巩固和提高；疑难解答专为用户解答一些操作中容易出现的困难和疑惑，进一步拓展了该章的知识；课后练习也紧扣该章内容，使用户在学习后马上对知识进行巩固练习，以便更好地吸收这些内容。另外，书中还提供了一些提示信息，对知识点和操作进行了辅助介绍和延伸，具有很高的实用价值。

全书共分 12 章，各章内容分别如下。

第 1 章介绍了 Fireworks CS6 的基础知识，包括 Fireworks CS6 的优势、Fireworks CS6 操作界面的组成、面板的管理、辅助工具的应用以及首选参数和快捷键的设置等。

第 2 章介绍了 Fireworks CS6 的各种基本操作，包括文档的新建、打开、关闭、保存、导入和导出，画布的管理，以及对象的选择、移动、剪切、复制、克隆、缩放、倾斜、扭曲、旋转、翻转、叠放和对齐等。

第 3 章介绍了使用 Fireworks CS6 创建与编辑矢量图形的知识，包括直线、矩形等各种各样预设矢量图形的创建与编辑，矢量图形的绘制与编辑，路径的编辑以及"路径"面板的应用等。

第 4 章介绍了使用 Fireworks CS6 处理位图图像的知识，包括选区工具的使用、位图工具的应用、选区的编辑以及位图图像的各种处理操作等。

第 5 章介绍了使用 Fireworks CS6 创建与编辑文本对象的知识，包括文本的输入、复制和导入，文本格式的设置以及文本与路径的交互使用等中。

第 6 章介绍了在 Fireworks CS6 中使用滤镜的知识，包括滤镜的基本使用方法、Fireworks各种内置滤镜的应用、动态滤镜的应用和 Photoshop 动态效果的应用等。

第 7 章介绍了在 Fireworks CS6 中使用元件、样式、层和蒙版的知识，包括元件的创建、编辑、导入和导出，样式的应用、编辑、创建和删除，层的概念、"图层"面板的应用和层的各种操作，以及蒙版的创建和各种编辑方法等。

第 8 章介绍了在 Fireworks CS6 中创建图像热点和切片的知识，包括图像热点的创建与编辑、切片的创建、编辑和导出等。

第 9 章介绍了在 Fireworks CS6 中创建网页按钮和弹出菜单的知识，包括认识网页按钮的各种状态、网页按钮的创建、编辑和导出，弹出菜单编辑器的应用，以及弹出菜单的创建、编辑和导出等。

　　第 10 章介绍了使用 Fireworks CS6 创建动画的知识，包括动画元件的创建和编辑、"状态"面板的应用、状态的各种管理操作、补间动画的创建、动画的预览、优化和导出等。

　　第 11 章介绍了使用 Fireworks CS6 优化与导出对象的知识，包括各种优化图像的方法和导出图像的操作等。

　　第 12 章通过制作某网站首页，全面练习并巩固了全书讲解的相关内容，包括位图、矢量图和文本等各种对象的创建与编辑、元件按钮和弹出菜单的创建与编辑、切片的使用和编辑，以及文档的优化和导出等。

　　本书可作为职业院校相关专业课教材，电脑培训班的标准培训教材，以及 Fireworks 爱好者和各行各业涉及此软件的人员的自学指导书。

　　本书由郭晓峰编著，参加编写、校对、排版的人员还有李凤、苟霖、谢东、李益兵、程文丽、曾蕊、谢铜锘、杨许、张洪、陈艳、王旭娟、杨雯轶、汤昭挚、万文泉、王凌菲、陈羽、倪伟、杨倩、邓磊、喻俊杰、张杨等。

　　在此感谢购买本书的读者，虽然编者在编写本书的过程中倾注了大量心血，但恐百密之中仍有疏漏，恳请广大读者及专家不吝赐教。你们的支持是我们最大的动力，我们将不断勤奋努力，为您奉献更优秀的电脑图书。

　　最后，衷心希望您在本书的帮助下，能够全面且熟练地掌握 Fireworks CS6 的各项功能，制作出各种精美的网页图形图像！

编　者

目 录

第 1 章 初识 Fireworks CS6

教学要点

Fireworks CS6 是 Adobe 公司开发的一款针对网页制作与编辑的软件，其主要功能是对网页图像进行设计、制作和处理，它可以很轻松地制作各种动态和静态网页图片，能有效地配合 Dreamweaver 进行网页制作，提高了网页图像制作和处理的效率。本章将首先介绍 Fireworks CS6 的基本知识，包括对 Fireworks CS6 软件的基本认识、Fireworks CS6 的操作界面和个性化设置等内容，为用户更好地使用此软件打下良好的基础。

学习重点与难点

➢ 了解 Fireworks CS6 的优势
➢ 掌握 Fireworks CS6 的操作界面及各组成部分
➢ 熟悉标尺、辅助线和网格的使用
➢ 熟悉 Fireworks CS6 操作界面的自定义设置

1.1 使用 Fireworks CS6 的特点

Fireworks CS6 的功能十分强大，可以轻松设计出各种精美的网页图像，该软件兼容了 Photoshop、Illustrator、Dreamweaver 等软件中大量的图像处理功能。在学习 Fireworks CS6 的使用之前，下面简要介绍该软件的一些特点。

- 多功能编辑：Fireworks 具备位图和矢量图的编辑功能，可以轻松地对这两类图形图像进行各种编辑操作，弥补了某些软件只能编辑单一图像的不足。
- 兼容性强：Fireworks 处理的各种图形图像均可导入到 Photoshop、Illustrator 等其他图形图像处理软件中使用，具有强大的兼容性，同时也能处理这些软件中的各种图形。
- 高性能图像优化：Fireworks 可以对 JPG 等格式的图像文档进行高性能优化，即使压缩了图像，也不会影响图像的效果。从而使图像具备快速下载的优点，最大限度地降低了网页的下载速度。
- 网页开发软件间的共享：Fireworks 中的文档可以与 Dreamweaver、Flash 进行共享，同时 Dreamweaver、Flash 的文档和动画都可以复制并粘贴到 Fireworks 中，用 Fireworks 进行编辑和处理，使这些网页制作软件可以共用部分资源。
- 高效 Web 开发：在 Web 设计中，用 Fireworks 对图像进行分层、切割并修改参数，可以使图像符合 Web 中的布局要求，进而快速地完成 Web 设计和开发。

1.2 熟悉 Fireworks CS6 的操作界面

Fireworks CS6 的操作界面如图 1-1 所示，该界面主要由标题栏、菜单栏、工具栏、编辑区和命令面板组成。

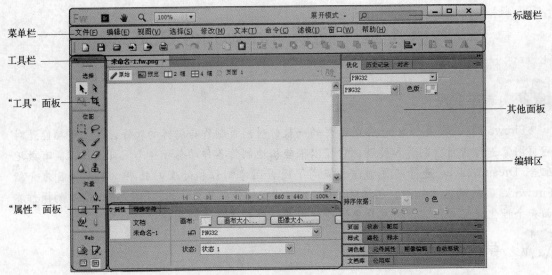

图 1-1　操作界面

菜单栏
工具栏
"工具"面板
"属性"面板
标题栏
其他面板
编辑区

1.2.1　开始页

启动 Fireworks CS6 后，会默认打开"开始页"界面，如图 1-2 所示。该界面主要用于快速打开最近使用的项目和新建需要的文档。如果要打开近期用过的文档，可以在"打开最近的项目"栏中单击 打开 按钮，在打开的对话框中选择最近用过的文档；如果要新建文档，可以在"新建"栏中单击相应项目新建空白文档或基于模板的文档。

图 1-2　"开始页"界面

选择"开始页"界面左下角的"不再显示"复选框，在下一次启动 Fireworks CS6 后就不会出现该界面。如果需要重新显示该界面，可以选择【编辑】/【首选参数】菜单命令，打开"首选参数"对话框，在"类别"列表框中选择"常规"选项，并选中右侧的"显示启动屏幕"复选框。

1.2.2　标题栏

标题栏位于操作界面最上方，其作用主要是控制编辑区显示的内容和显示比例、控制面板的显示状态、联网搜索帮助以及控制操作界面，如图 1-3 所示。

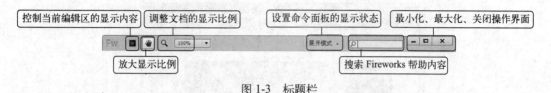

图 1-3　标题栏

1.2.3　菜单栏

Fireworks CS6 的菜单栏位于标题栏的下方，它由"文档"、"编辑"、"视图"、"选择"、"修改"、"文本"、"命令"、"滤镜"、"窗口"和"帮助" 10 个命令组成。单击对应的菜单项会弹出下拉菜单，在下拉菜单中选择相应的命令即可执行操作。

1.2.4　工具栏

Fireworks CS6 的工具栏中包含一些工具按钮，这些按钮对应的实际上就是出现频率较高的菜单命令，如图 1-4 所示。其中一些常用按钮的作用分别如下。

图 1-4　工具栏

- 🗋（新建）按钮：创建空白文档。
- 🖫（保存）按钮：保存当前正在使用的文档。
- 🗁（打开）按钮：打开原有已保存的文档。
- 🔄（导入）按钮：在当前编辑的文档中导入其他文档。
- 🔄（导出）按钮：将当前正在编辑的文档导出为指定格式的文档。
- 🖨（打印）按钮：打印已编辑好的文档。
- ↩（撤销）按钮：撤销当前操作，返回上一步操作，也可按【Ctrl+Z】组合键执行该操作。
- ↪（重做）按钮：如果撤销错误，可以单击此按钮还原撤销，也可以按【Ctrl+Y】键执行该操作。
- ✂（剪切）按钮：将文档中当前选择的对象剪切到剪贴板中以备粘贴使用，也可以按【Ctrl+X】键执行该操作。
- 🗐（复制）按钮：将文档中当前选择的对象复制到剪贴板中以备粘贴使用，也可按【Ctrl+C】组合键执行该操作。
- 📋（粘贴）按钮：将剪切或复制到剪贴板中的对象粘贴到文档中，也可以按【Ctrl+V】键执行该操作。

剪切对象后，对象将不存在于当前文档；复制对象后，当前对象仍显示在文档中。

1.2.5 编辑区

编辑区是 Fireworks CS6 的主要工作区域,可以在编辑区内实现文档的创建、编辑和处理,如图 1-5 所示。在编辑区左上角包含了 4 个工具按钮,其作用分别如下。

图 1-5 编辑区

- ● (原始)按钮:显示当前正在编辑的文档。 
- ● (预览)按钮:预览当前正在编辑的文档。 
- ● (2幅)按钮:通过两个窗口对比当前正在编辑的文档。 
- ● (4幅)按钮:通过 4 个窗口对比当前正在编辑的文档。

1.2.6 面板

Fireworks CS6 中包含大量的命令面板,使用面板可以完成许多文档编辑操作。下面将重点介绍"工具"面板和"属性"面板的作用。

1."工具"面板

"工具"面板在 Fireworks 操作界面的左侧,它主要包含 6 大功能按钮组,分别是"选择"按钮组、"位图"按钮组、"矢量"按钮组、"Web"按钮组、"颜色"按钮组和"视图"按钮组,每个按钮组又由功能不同的多个工具按钮组成。各按钮组的大致用法分别如下。

图 1-6 "选择"按钮组

- ● "选择"按钮组:主要用于选择、缩放、裁剪文档中的对象,如图 1-6 所示。

- ● "位图"按钮组:主要用于处理位图图像,包括选区的创建、绘制、擦除等按钮,如图 1-7 所示。
- ● "矢量"按钮组:主要用于绘制矢量图形,如直线、曲线、矩形、文字等,如图 1-8 所示。

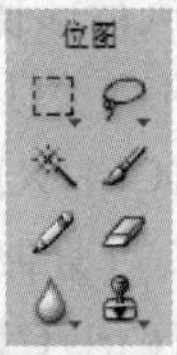

图 1-7 "位图"按钮组

- ● "Web"按钮组:主要用于文档的切片、热点的隐藏和显示,如图 1-9 所示。
- ● "颜色"按钮组:主要用于文档颜色的填充、描边等,如图 1-10 所示。

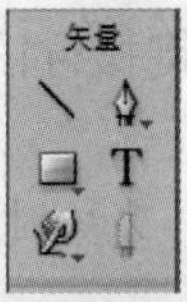

图 1-8 "矢量"按钮组

- "视图"按钮组：主要用于设置文档的显示模式，如标准模式、全屏模式等，如图 1-11 所示。

图 1-9 "Web"按钮组　　　图 1-10 "颜色"按钮组　　　图 1-11 "视图"按钮组

2. "属性"面板

"属性"面板是 Fireworks CS6 重要的部分之一，选择某个对象或某个工具后，将在"属性"面板中显示所选对象的各种属性参数，通过该面板便能随时修改属性。

"属性"面板位于编辑区下方，如图 1-12 所示。下面以选择新建的文档画布为例，简要介绍文档属性的各参数作用。

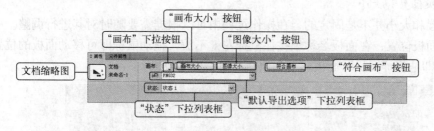

图 1-12 "属性"面板

- 文档缩略图：用于显示当前文档内容的缩略图。
- "画布"下拉按钮：单击该按钮，可在弹出的下拉列表中设置当前文档的颜色。
- "画布大小"按钮：单击该按钮，可在打开的对话框中设置当前文档画布的大小。
- "图像大小"按钮：单击该按钮，可在打开的对话框中设置当前文档中所包含图像的大小。
- "符合画布"按钮：单击该按钮可将当前画布大小调整为所选对象的大小。
- "默认导出选项"下拉列表框：在该下拉列表框中可设置导出文档时的格式。
- "状态"下拉列表框：在该下拉列表框中切换当前文档的状态。

上述"属性"面板中的参数，仅是针对选择画布后显示的"属性"面板内容，实际操作中，由于选择的对象不同，"属性"面板也有很大差距，本书后面会进一步讲解该面板的使用。

1.3　个性化设置 Fireworks 操作界面

Fireworks CS6 的操作界面并不是固定不变的，它允许根据自己的操作习惯来设置界面，如设置面板、标尺、辅助线、网格、首选参数以及快捷键等。

1.3.1 管理面板

Fireworks 提供了大量的面板，但在操作中并不是所有面板都会用到，因此可以根据需要对面板进行管理，包括面板的打开、关闭，面板位置和大小的调整。

1. 打开与关闭面板

在编辑文档的过程中，可以根据操作需要随时打开和关闭各种面板，其方法分别如下。

（1）打开面板：单击菜单栏中的"窗口"菜单项，在弹出的下拉菜单中选择面板对应的命令，当其左侧出现✔标记时，表示该面板已被打开。

（2）关闭面板：单击菜单栏中的"窗口"菜单项，在弹出的下拉菜单中选择面板对应的命令，当其左侧的✔标记消失时，表示该面板已被关闭。

 在需要关闭已打开的面板时，可以在该面板名称上单击鼠标右键，在弹出的快捷菜单中选择"关闭"命令将其快速关闭。

2. 调整面板位置和大小

面板的位置和大小并不是固定的，在操作过程中可以根据需要随时对其进行调整。

（1）调整面板位置：在面板名称上按住鼠标左键不放，拖动鼠标即可移动面板的位置，如图 1-13 所示即是将"图层"面板移动到原面板组右侧的效果。

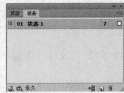

图 1-13 移动面板

（2）调整面板大小：将鼠标指针移动到面板左下角，当其变为↖形状时，按住鼠标左键不放，拖动鼠标即可调整面板大小，如图 1-14 所示。

图 1-14 调整面板大小

1.3.2 标尺、辅助线和网格的应用

标尺、辅助线和网格可以帮助定位当前文件的位置，从而更加精确地设计文档内容。

1. 使用标尺

使用标尺可以了解当前文件对象的具体位置，从而更方便地对象进行布局。默认情况下，标尺隐藏在界面中，如果想将其显示出来，可以选择【视图】/【标尺】菜单命令，当该命令左侧出现✔标记时，表示标尺已经显示出来，如图 1-15 所示。

图 1-15 有标尺的编辑区

再次选择【视图】/【标尺】菜单命令，当其左侧的标记消失后，可隐藏标尺。另外，按【Ctrl+Alt+R】键可以快速实现标尺的显示和隐藏状态。

2. 使用辅助线

辅助线的使用只能在有标尺的编辑区里，它能精确地标记和排列文件的重要区域，其使用方法如下。

（1）添加辅助线：将鼠标指针移动到标尺上，按住鼠标左键不放并拖动鼠标到文件的任意位置，即可添加一条辅助线，辅助线的默认颜色为蓝色，如图 1-16 所示。

在水平标尺上拖动鼠标可以添加水平辅助线；在垂直标尺上拖动鼠标可以添加垂直辅助线。

（2）删除辅助线：选择【视图】/【辅助线】/【删除辅助线】菜单命令即可删除当前编辑区中的所有辅助线。

（3）移动辅助线：将鼠标指针移至辅助线上，当其变为 ⇌ 状态时，按住鼠标左键不放，拖动鼠标便可移动辅助线的位置。

（4）锁定辅助线：选择【视图】/【辅助线】/【锁定辅助线】菜单命令，当其左侧出现 ✔ 标记时，则辅助线已被锁定。辅助线锁定后将无法移动和删除。

（5）显示和隐藏辅助线：选择【视图】/【辅助线】/【显示辅助线】菜单命令，即可显示和隐藏所有的辅助线。

图 1-16 添加辅助线

3. 使用网格

网格是用于精确定位当前图像文件位置的工具，网格都是以像素为单位的，其使用方法如下。

（1）显示网格：选择【视图】/【网格】/【显示网格】菜单命令，当其左侧出现✓标记时，则已显示网格，如图 1-17 所示。再次选择相同的命令，当其左侧的✓标记消失时，则网格已被隐藏。

（2）对齐网格：选择【视图】/【网格】/【对齐网格】菜单命令，当其左侧出现✓标记时，表示该命令已经生效。在创建和移动文件中的对象时，将自动对齐距离最近的网格线。

（3）编辑网格：选择【视图】/【网格】/【编辑网格】菜单命令，可打开"编辑网格"对话框，在其中可以对网格线的颜色和像素大小进行设置，如图 1-18 所示。

图 1-17　显示网格

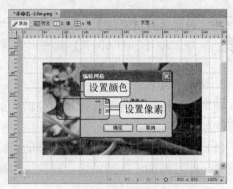
图 1-18　编辑网格

1.3.3　首选参数设置

首选参数是指 Fireworks 的各种使用参数，为了更方便地使用 Fireworks CS6，可以对首选参数进行适当设置，这些设置主要包括常规设置、文字设置、插件设置等内容。下面将着重介绍设置撤销次数和辅助线的方法。

1. 更改默认撤销次数

在编辑文档过程中，难免会出现错误操作，此时可以按【Ctrl+Z】键撤销错误步骤。Fireworks 默认的撤销次数为 20 次，可以根据需要对该次数进行更改。下面以将默认撤销次数改为 40 次为例介绍更改撤销次数的方法。

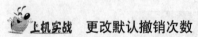　**上机实战　更改默认撤销次数**

素材文件：无	效果文件：无
视频文件：视频\第 1 章\1-1.swf	操作重点：撤销次数的设置

1　启动 Fireworks CS6，选择【编辑】/【首选参数】菜单命令，如图 1-19 所示。

2　打开"首选参数"对话框，在"类别"列表框中选择"常规"选项，在"最多撤销次数"文本框中将数值修改为"40"，单击 确定(0) 按钮即可，如图 1-20 所示。

　设置了撤销次数后，需要退出 Fireworks 并重新启动该软件后，所做的设置才
TIPS▶　能生效。

2. 设置辅助线颜色

当图像颜色和辅助线颜色相似时，辅助线的作用就会大大降低，在这种情况下，就可以

更改辅助线的颜色，使其在编辑区中更便于识别。下面以将默认的辅助线颜色更改为红色为例，介绍更改辅助线颜色的方法。

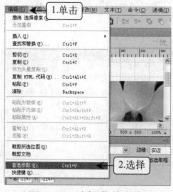

图 1-19 选择菜单命令

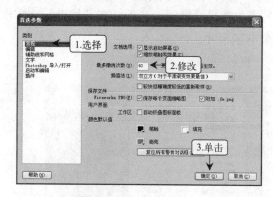

图 1-20 设置撤销次数

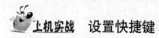**上机实战 设置辅助线颜色**

素材文件：无	效果文件：无
视频文件：视频\第 1 章\1-2.swf	操作重点：设置辅助线颜色

1 按【Ctrl+U】键打开"首选参数"对话框。在"类别"列表框中选择"辅助线和网格"选项。

2 单击"辅助线"栏右侧的颜色下拉按钮 ，在弹出的颜色面板中选择红色对应的选项，单击 确定(O) 按钮，如图 1-21 所示。

3 此时辅助线颜色将更改为设置的红色，如图 1-22 所示。

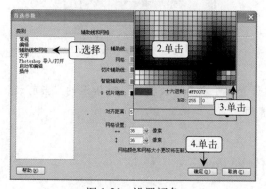

图 1-21 设置颜色

图 1-22 设置后的效果

1.3.4 自定义快捷键

在使用 Fireworks CS6 时，可以根据自己的操作习惯创建属于自己的快捷键，下面以将默认的撤销快捷键"Ctrl+Z"更改为"Ctrl+Alt+Z"为例介绍快捷键的自定义方法。

上机实战 设置快捷键

素材文件：无	效果文件：无
视频文件：视频\第 1 章\1-3.swf	操作重点：设置快捷键

1 选择【编辑】/【快捷键】菜单命令，如图 1-23 所示。

2 在打开的"快捷键"对话框中，双击"命令"栏列表框中的"编辑"选项，在展开的列表中选择"撤销"选项，在"按键"文本框中输入"Ctrl+Alt+Z"，单击 确定(0) 按钮，如图 1-24 所示。

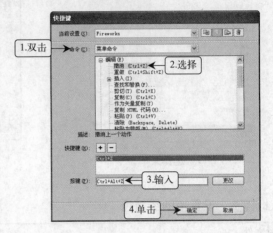

图 1-23　选择菜单命令　　　　　　　　　图 1-24　自定义快捷键

3 打开提示对话框，提示不能设置快捷键，直接单击 确定(0) 按钮。如图 1-25 所示

4 打开"重制设置"对话框，在"名称"文本框中输入"我的快捷键"，单击 确定(0) 按钮，如图 1-26 所示。此时按【Ctrl+Alt+Z】键才能执行撤销操作，而按【Ctrl+Z】组合键则无撤销效果。

图 1-25　确认操作　　　　　　　　　　图 1-26　设置快捷键名称

　如果想还原为 Fireworks 默认的快捷键设置，可以在"快捷键"对话框的"当前设置"下拉列表框中选择"Fireworks"选项。

1.4　课堂实训——打造自己的操作界面

下面将通过课堂实训综合练习 Fireworks CS6 的启动、文档的打开、面板管理以及网格属性设置等知识，本实训的效果如图 1-27 所示。

素材文件：素材\第 1 章\hua.jpg	效果文件：无
视频文件：视频\第 1 章\1-4.swf	操作重点：管理面板、设置网格属性

具体操作

1 单击桌面左下角的 开始 按钮，在弹出的"开始"菜单中选择"所有程序"命令，在弹出的子菜单中选择"Adobe Fireworks CS6"命令，如图 1-28 所示。

图 1-27 效果图

2 启动 Fireworks CS6，选择【文件】/【打开】菜单命令，如图 1-29 所示。

图 1-28 启动 Fireworks CS6

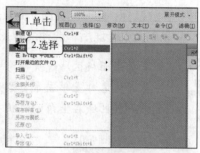

图 1-29 选择菜单命令

3 打开"打开"对话框，在"查找范围"下拉列表框中选择素材提供的"第 1 章"文件夹，然后选择"hua.jpg"文件，单击 打开(O) 按钮，如图 1-30 所示。

4 在"历史记录"面板上单击鼠标右键，在弹出的快捷菜单中选择"关闭"命令，如图 1-31 所示。

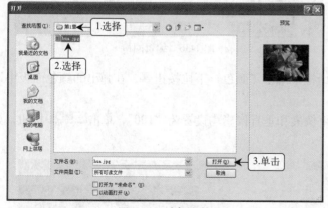

图 1-30 选择文件

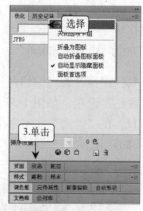

图 1-31 关闭面板

5 在"文档库"面板上单击鼠标右键，在弹出的快捷菜单中选择"关闭选项卡组"命令，如图 1-32 所示。

6 按照相同方法继续关闭其他面板和面板组，仅保留"优化"面板和"页面"面板，如图 1-33 所示。

7 在"页面"面板上按住鼠标左键不放并拖动鼠标至"优化"面板右侧，使其出现蓝色边框，如图 1-34 所示。

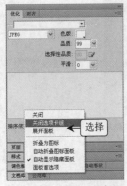

图 1-32　关闭选项卡组

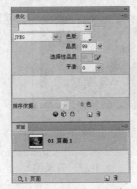

图 1-33　关闭面板和面板组

图 1-34　移动面板

8 释放鼠标，此时"页面"面板便与"优化"面板组成了新的面板组，如图 1-35 所示。

9 完成面板管理后，选择【视图】/【网格】/【编辑网格】菜单命令，如图 1-36 所示。

 如果觉得面板区域过大而影响文档编辑的操作，可以将面板折叠，其方法为：在任意面板名称上单击鼠标右键，在弹出的快捷菜单中选择"折叠为图标"命令或单击面板区域右上角的"折叠为图标"按钮 ▸▸ 。

图 1-35　组成面板组

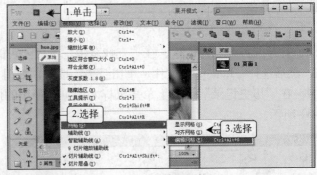

图 1-36　编辑网格

10 在打开的"编辑网格"对话框中单击"颜色"下拉按钮 ▦ ，在弹出的颜色面板中选择"白色"选项，如图 1-37 所示。

11 在"像素"文本框中将水平像素和垂直像素均设置为"100"，单击 确定 按钮，如图 1-38 所示。

图 1-37　选择颜色

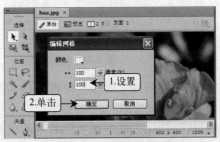

图 1-38　设置像素

12 选择【视图】/【网格】/【显示网格】菜单命令，如图 1-39 所示。

13 此时显示出的网格便应用了设置后的颜色和网格大小，如图 1-40 所示。

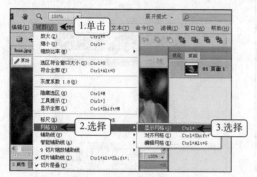

图 1-39 显示网格

图 1-40 设置后的效果

1.5 疑难解答

1. 问：每次启动 Fireworks 时都要通过"开始"菜单来启动吗？有没有更简单的方法呢？

答：可以通过创建快捷启动图标的方法来快速启动 Fireworks，方法为：单击桌面左下角的 开始 按钮，在弹出的"开始"菜单中选择"所有程序"命令，将鼠标指针移至弹出的子菜单中的"Adobe Fireworks CS6"命令上，单击鼠标右键，在弹出的快捷菜单中选择【发送到】/【桌面快捷方式】菜单命令，此时桌面上将出现 Fireworks CS6 的快捷启动图标，如图 1-41 所示，双击该图标即可快速启动 Fireworks。

图 1-41 创建快捷启动图标

2. 问：如果发现自定义的快捷键中有许多无用的快捷键时，能不能将其删除呢？

答：可以。选择【编辑】/【快捷键】菜单命令，打开"快捷键"对话框，单击"当前设置"下拉列表框右侧的"删除设置"按钮 ，此时将会打开"删除设置"对话框，在其中的列表框中选择需删除快捷键对应的选项，单击 删除 按钮即可删除自定义的快捷键，如图 1-42 所示。

3. 问：当发现某条辅助线多余时，能否将其单独删除？

答：可以。将鼠标指针移至需删除的辅助线上，当其变为 形状时，按住鼠标左键不放，将该辅助线拖动到画布以外的区域，释放鼠标即可将这条辅助线删除。

图 1-42　删除自定义的快捷键

4. 问：Fireworks 除了提供辅助线功能外，还提供了智能辅助线功能，它有什么作用，该如何使用它呢?

答：智能辅助线是一种自动对齐对象的辅助线，在移动、缩放或旋转对象时，更好地与其他对象对齐。使用智能辅助线的方法为：选择【视图】/【智能辅助线】/【显示智能辅助线】菜单命令，当该命令左侧出现 ✔ 标记时，表示智能辅助线功能已被启用。此时在编辑区中移动某个对象至其他对象边缘时，智能辅助线便会显示出来，代表此位置两个对象处于对齐的关系，如图 1-43 所示。

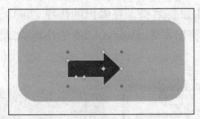
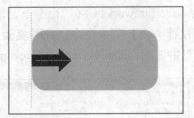

图 1-43　智能辅助线的应用

1.6　课后练习

1. 通过设置首选参数的方式，取消启动 Fireworks 后自动显示的"开始页"界面。

2. 在 Fireworks 操作界面中将面板的"展开模式"（提示：位于标题栏处）改为"具有面板名称的图标模式"，并关闭"页面"、"状态"、"图层"等 3 个面板。

3. 将网格颜色设置为红色，垂直像素设置为"80"，并将其显示在编辑区中。

4. 在首选参数中将撤销次数设置为 15 次。

5. 将"新建"命令的快捷键设置为"Ctrl+Shift+N"，并将该快捷键选项的名称命名为"网页制作快捷键"。

6. 通过开始页新建空白文档，并在其中显示出标尺，然后分别创建两条水平和垂直的辅助线，将其锁定。

第 2 章　Fireworks CS6 基本操作

教学要点

本章主要介绍 Fireworks CS6 的基本操作方法，包括文档的基本操作、对象的基本操作以及其他常用的基本操作等。

学习重点与难点

➢ 掌握文档的新建、打开、关闭、导入、导出、保存
➢ 熟悉画布的管理
➢ 掌握对象的选择和各种修改方法
➢ 了解插入其他文件中对象的方法
➢ 掌握撤销与重复操作

2.1　文档的基本操作

文档的基本操作包括文档的新建、打开与关闭文档、文档的导入与导出、文档的保存以及画布的管理等。

2.1.1　新建文档

Fireworks CS6 中所创建的文档格式都为 PNG 格式，它是 Fireworks CS6 中固有的文档格式，下面将介绍新建空白文档以及根据模板来新建文档的方法。

1. 新建空白文档

新建空白文档的方法有以下几种。

（1）选择【文件】/【新建】菜单命令。

（2）单击工具栏中"新建"按钮▢。

（3）按【Ctrl+N】键。

执行以上任意一种操作都将打开"新建文件"对话框，在其中可以对画布的大小、分辨率和颜色进行设置，在不涉及任何操作的情况下，画布的宽度和高度默认是"500"，单位为"像素"，画布颜色默认为"白色"，如图 2-1 所示。单击 确定 按钮即可创建一个空白文档。

2. 根据模板新建文档

Fireworks 提供了一些固有模板，创建文档时可以通过它们来新建有内容的画布。下面以根据"Vector Artist.png"模板创建文档为例介绍创建方法。

图 2-1　创建空白文档

上机实战　通过模板创建文档

素材文件：无	效果文件：无
视频文件：视频\第 2 章\2-1.swf	操作重点：根据模板创建文档

1 选择【文件】/【通过模板创建】菜单命令，如图 2-2 所示。

2 打开"通过模板新建"对话框，在"查找范围"下拉列表框中双击默认路径下的"Web"文件夹，然后选择"Vector Artist.png"模板选项，单击 打开(0) 按钮即可，如图 2-3 所示。

图 2-2　选择菜单命令

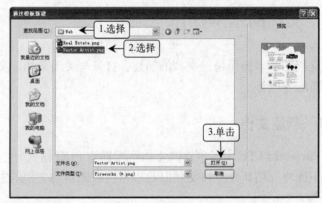

图 2-3　选择模板文件

2.1.2　打开与关闭文档

打开与关闭文档是使用 Fireworks 时不能避免的操作，掌握这些操作是非常有必要的。

1. 打开文档

在 Fireworks 中不仅可以打开新的文档，还可以打开最近使用过的文档，其方法分别如下。

（1）打开文档：选择【文件】/【打开】菜单命令，在打开的"打开"对话框中选择需要打开的文件，单击 打开(0) 按钮。

（2）打开最近使用过的文档：选择【文件】/【打开最近文件】菜单命令，在弹出的子菜单中将显示最近使用过的文档，选择对应的选项即可，如图 2-4 所示。

图 2-4　打开最近使用过的文件

单击工具栏"打开"按钮 或按【Ctrl+O】键，在打开的"打开"对话框中选择所需文件也能打开需要的文档。

2. 关闭文档

关闭无用的文档以及关闭已经编辑好的文档时，都会涉及关闭操作，其方法分别如下。

（1）关闭当前单个文档：选择【文件】/【关闭】菜单命令，也可以按【Ctrl+W】键，此时当前编辑的文档将被关闭，如图 2-5 所示。

（2）关闭当前全部文档：选择【文件】/【全部关闭】菜单命令，此时当前打开的所有文档都将被关闭，如图 2-6 所示。

图 2-5 关闭单个文档

图 2-6 关闭全部文档

2.1.3 保存文档

保存文档可以防止在完成文档编辑后，因发生断电、死机等意外情况丢失现有数据。Fireworks 保存的文档的扩展名默认为.fw.png，这也是 Fireworks 文档的专业扩展名。下面介绍保存文档的方法。

（1）保存单个文档：选择【文件】/【保存】菜单命令，打开"另存为"对话框，在"保存在"下拉列表框中选择保存的路径，在"另存类型"下拉列表框中选择文件保存的格式，在"文件名"下拉列表框中设置文件保存后的名称，单击 保存(S) 按钮即可，如图 2-7 所示。

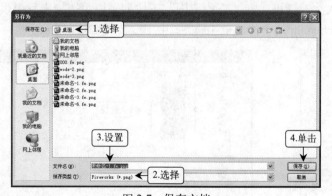

图 2-7 保存文档

（2）另存为文档：选择【文件】/【另存为】菜单命令，打开"另存为"对话框，按照保存单个文档的方法进行保存即可。

（3）保存所有文档：选择【文件】/【保存所有】菜单命令，同样按照保存单个文档的方法进行保存即可。此时所有未保存的文件将被依次保存。

2.1.4　导入与导出文档

在 Fireworks 中，不仅可以打开其他格式的文件，还可以把用其他软件编辑的图像文件或文本导入进来；同样可以将 Fireworks 中已编辑好的文件导出，并保存为需要的文件格式。

1. 导入文档

导入文档和打开文档是两个不同的概念，打开文档是在 Fireworks 操作界面中打开一个新的文档，而导入文档则是将需要导入的文档插入到现有的文档中。下面以创建一个新的文档并导入"chuan.jpg"文件为例介绍导入文档的方法。

上机实战　导入文档

素材文件：素材\第 2 章\chuan.jpg	效果文件：效果/第 2 章/chuan.png
视频文件：视频\第 2 章\2-2.swf	操作重点：创建、导入文档

1　选择【文件】/【新建】菜单命令，如图 2-8 所示。

2　打开"新建文档"对话框，默认画布大小和颜色，直接单击 确定 按钮，如图 2-9 所示。

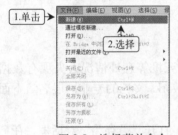
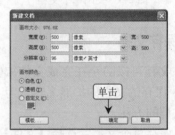

图 2-8　选择菜单命令　　　　图 2-9　新建文档

3　选择【文件】/【导入】菜单命令或按【Ctrl+R】键，如图 2-10 所示。

4　打开"导入"对话框，在"查找范围"下拉列表框中选择素材提供的"第 2 章"文件夹，然后选择"chuan.jpg"文件，单击 打开⑩ 按钮，如图 2-11 所示。

图 2-10　选择菜单命令　　　　图 2-11　选择文件

在"导入"对话框的"查找范围"下拉列表框右侧单击"查看菜单"按钮，在弹出的下拉列表中选择"缩略图"选项，此时图像文件将以"缩略图"方式显示出来。

5 返回当前正在编辑的文档，鼠标指针将会变成形状，按住鼠标左键不放，在文档窗口拖动鼠标出现一个虚线矩形框，如图 2-12 所示。

6 释放鼠标，文件将被导入到矩形中，如图 2-13 所示。将文件以"chuan"为名，保存为 png 格式即可。

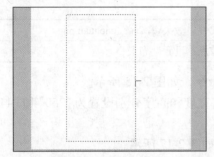

图 2-12　确定导入区域

图 2-13　导入效果

选择导入的文件后，当鼠标指针变成形状时，直接单击鼠标可以导入默认大小的文件。

2. 导出文档

在 Fireworks 中可以将编辑好的文档导出为 PNG 文件格式或其他文件格式。常用的导出文档的方法有以下两种。

（1）选择【文件】/【导出】菜单命令。

（2）按【Ctrl+Shift+R】键。

执行以上任意一种操作都将打开"导出"对话框，在"保存在"下拉列表框中可以选择被导出文件需要保存的位置，在"导出"下拉列表框中可选择文件导出的图像格式，在"文件名"下拉列表框中可设置文件导出后的名称，单击 保存(S) 按钮，文档将被导出并保存，如图 2-14 所示。

图 2-14　导出文档

2.1.5 管理画布

在 Fireworks 中新建和编辑文档时，如果对当前画布的大小和颜色不是很满意，可以对其大小和颜色进行设置。

1. 设置画布大小

在实际操作中，可以根据需要随时修改画布的大小。下面以设置"fanchuan.png"文档的画布大小为例，介绍设置画布大小的方法。

上机实战　设置画布大小

素材文件：素材\第 2 章\fanchuan.png	效果文件：效果\第 2 章\fanchuan.png
视频文件：视频\第 2 章\2-3.swf	操作重点：设置画布大小

1 　选择【修改】/【画布】/【画布大小】菜单命令，如图 2-15 所示。

2 　打开"画布大小"对话框，在"新尺寸"栏中将宽度和高度分别设置为"250"和"440"，单击 确定 按钮，如图 2-16 所示。

3 　此时文档画布的大小便应用了所做的设置，如图 2-17 所示。

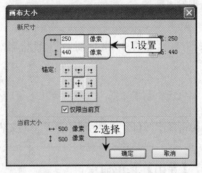

图 2-15　选择菜单命令　　　　图 2-16　设置画布大小　　　图 2-17　设置后的效果

2. 更改画布颜色

在编辑过程中，如果对画布的颜色不是很满意或其颜色和图像文件颜色相近，可以对画布的颜色进行更改，其方法为：选择【修改】/【画布】/【画布颜色】菜单命令，在打开的"画布颜色"对话框中选中"自定义"单选项，单击下方的颜色下拉按钮■，在弹出的颜色面板中选择需要的颜色选项，单击 确定 按钮即可，如图 2-18 所示。

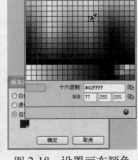

图 2-18　设置画布颜色

2.2 对象的基本操作

在 Fireworks 中，熟练地掌握对象的基本操作，可以为以后编辑对象打好基础。对象的各种基本操作包括对象的选择、移动、删除、剪切、复制、缩放、旋转等。

2.2.1 选择对象

在对任何对象执行编辑操作之前，都要先选择该对象，常用的选择对象的方法有以下几种。

（1）选择单个对象：单击"选择"工具按钮组的"指针"工具按钮，此时鼠标指针将变为黑色实心箭头。将鼠标指针移至需要选择的对象上，此时对象的边框会被高亮显示，单击鼠标即可选择该对象，被选择的对象边框呈蓝色显示，如图 2-19 所示即为选择右侧对象的效果。

图 2-19 选择单个对象

（2）选择被覆盖的对象：当两个或多个对象重叠时，可以使用"选择后方对象"工具选择被覆盖的对象，方法为：在"指针"工具按钮上按住鼠标左键不放，在弹出的下拉列表中选择"选择后方对象"工具，依次单击对象重叠的区域，可以切换选择未覆盖和被覆盖的对象，如图 2-20 所示。

图 2-20 选择被覆盖的对象

 通过使用"选择后方对象"工具难以选择对象时，可以使用"图层"面板进行选择。

（3）加选、减选对象：单击"选择"工具按钮组的"指针"工具按钮，按住【Shift】键的同时，单击鼠标可选择一个或多个对象，如图 2-21 所示。再次单击选择的对象即可取消该对象的选择状态。

图 2-21 选择多个对象

（4）框选对象：单击"选择"工具按钮组的"指针"工具按钮，将鼠标指针移至文档画布中，按住鼠标左键不放并拖动鼠标，此时将出现一个矩形框，该矩形框里的所有对象将被选择，如图 2-22 所示。

图 2-22　框选对象

（5）选择所有对象：选择【选择】/【全部】菜单命令，或按【Ctrl+A】键，即可选择所有的对象。如果想取消选择所有对象，可以选择【选择】/【取消选择】菜单命令或按【Ctrl+D】键来完成操作。

2.2.2　修改对象

当选择对象后，可以对其进行各种编辑操作，如移动、复制、缩放、旋转等，下面分别介绍修改对象的各种方法。

1. 移动对象

在编辑过程中，如果对象的位置不理想时，可以对其进行移动，常用方法有如下两种。

（1）拖动对象：使用"指针"工具 选择对象，拖动鼠标即可移动。

（2）微调对象：当拖动鼠标无法精确控制对象位置时，可以首先选择该对象，然后按键盘上的方向键即可对其位置进行微调。

> **TIPS▶** 选择对象后，选择【编辑】/【清除】菜单命令，或按【Delete】键或【BackSpace】键即可以删除选择的对象。

2. 剪切、复制与克隆对象

剪切、复制与克隆对象，可以在已有对象的基础上，实现对象在不同文档中的移动或快速得到多个相同对象的效果。下面分别介绍这 3 种操作的实现方法。

（1）剪切对象：使用"指针"工具 选择对象，选择【编辑】/【剪切】菜单命令或按【Ctrl+X】键，切换到目标文档，然后选择【编辑】/【粘贴】菜单命令或按【Ctrl+V】键，即可将对象剪切到目标位置，如图 2-23 所示。

图 2-23　剪切对象

（2）复制对象：使用"指针"工具 选择对象，选择【编辑】/【复制】菜单命令或按【Ctrl+C】键，切换到目标文档，然后选择【编辑】/【粘贴】菜单命令或按【Ctrl+V】键，即可将对象复制到目标位置，如图 2-24 所示。

（3）克隆对象：使用"指针"工具 选择对象，选择【编辑】/【克隆】菜单命令或按【Ctrl+Shift+C】键，即可克隆出一个与原对象一模一样的新对象。

图 2-24　复制对象

 剪切、复制和克隆对象的区别在于，剪切对象后，源对象将消失；复制对象后，源对象同样存在；克隆对象得到的新对象会保留源对象所有的属性。

3. 缩放对象

缩放对象主要用于控制对象的大小，其方法为：使用"指针"工具 ，选择对象，选择【修改】/【变形】/【缩放】菜单命令或单击工具面板中"选择"按钮组的"缩放"工具按钮 ，此时对象的四周将出现控制点，拖动控制点即可对对象进行缩放，如图 2-25 所示。

图 2-25　缩放对象

 拖动对象四个角的控制点，对象按比例缩放；拖动四周中间的控制点，对象将会变形。

4. 倾斜对象

倾斜对象可以使图像呈现一定的倾斜效果，其方法为：选择对象后，选择【修改】/【变形】/【倾斜】菜单命令或单击工具面板中"选择"按钮组的"倾斜"工具按钮 ，对象的四周出现控制点，拖动控制点即可对对象进行倾斜，如图 2-26 所示。倾斜对象时，控制点只能沿水平或垂直方向拖动。

图 2-26　倾斜对象

5. 扭曲对象

扭曲对象可以使图像呈一定程度的透视效果，其方法为：选择对象后，选择【修改】/【变形】/【扭曲】菜单命令或单击工具面板中"选择"按钮组的"扭曲"工具按钮，拖动任意控制点即可扭曲对象，如图 2-27 所示。

图 2-27　扭曲对象

6. 旋转与翻转对象

选择对象后，还可以对其进行旋转和翻转，其方法分别如下。

（1）旋转对象：使用"指针"工具选择对象，选择【修改】/【变形】菜单命令，在弹出的子菜单中选择相应的旋转命令即可将对象按相同效果旋转。另外，单击工具栏中的"顺时针旋转 90°"按钮或"逆时针旋转 90°"按钮也可旋转对象。如图 2-28 所示即为顺时针旋转 90°后的对象效果。

（2）翻转对象：选择【修改】/【变形】菜单命令，在弹出的子菜单中选择"水平翻转"或"垂直翻转"命令，可以翻转对象。另外，单击工具栏中的"水平翻转"按钮或"垂直翻转按钮"按钮也能翻转对象。如图 2-29 所示即为垂直翻转对象的效果。

图 2-28　旋转对象　　　　　　　　　　　图 2-29　翻转对象

7. 切片缩放对象

对对象进行缩放、倾斜、扭曲时对象会产生变形，使用"9 切片缩放"工具能够保留对象关键属性的外观，从而避免对象变形的问题。下面以使用"9 切片缩放"工具缩放"zhuce.png"文件并保持源文件的圆角不变为例，介绍该工具的使用方法。

上机实战　9 切片缩放按钮图形

素材文件：素材\第 2 章\zhuce.png	效果文件：效果\第 2 章\zhuce.png
视频文件：视频\第 2 章\2-4.swf	操作重点：9 切片缩放

1 选择对象，然后在"选择"按钮组中的"缩放"工具按钮上按住鼠标左键不放，在弹出的下拉列表中选择"9 切片缩放"工具，如图 2-30 所示。

2　此时所选对象上将出现可移动的辅助线，如图 2-31 所示。

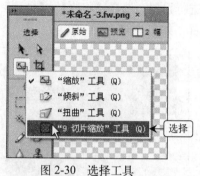

图 2-30　选择工具

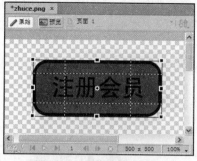

图 2-31　可移动的辅助线

3　将水平和垂直辅助线移动到适当位置，使 4 个角上切片区域控制到圆角位置，如图 2-32 所示。

4　拖动对象四周的任意控制点，此时放大对象后，其圆角并没有随图形的增大而变形，如图 2-33 所示。

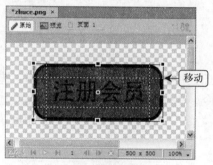

图 2-32　移动辅助线

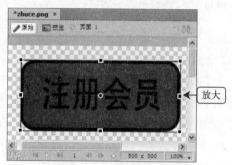

图 2-33　效果图

8. 组合与取消组合对象

　　组合对象可以将多个对象组合在一起，实现快速且统一调整多个对象的目的。下面分别介绍组合对象与取消组合对象的方法。

　　（1）组合对象：选择需要组合的多个对象，选择【修改】/【组合】菜单命令或单击工具栏中的"分组"按钮，此时选择的多个对象将组合在一起，如图 2-34 所示，改变组合后任意图像的位置或大小，其他对象也将统一进行修改。

图 2-34　组合多个对象

　　（2）取消组合对象：选择已组合好的对象，选择【修改】/【取消组合】菜单命令或单击工具栏中的"取消分组"按钮即可。

9. 叠放对象

当多个对象错乱重叠时，就可以对其叠放次序进行设置。选择【修改】/【排列】菜单命令，在弹出的子菜单中选择相应的叠放次序命令即可，如图 2-35 所示。

图 2-35　将"红花"对象移至最上层

单击工具栏中的 4 个叠放次序按钮也可以完成叠放对象的操作，4 个按钮分别为："移到最前"按钮、"上移一层"按钮、"下移一层"按钮和"移到最后"按钮。

10. 对齐对象

在需要对齐多个对象时，可以使用对齐功能快速且精确地完成操作，其方法为：选择需要对齐的多个对象，选择【修改】/【对齐】菜单命令，在弹出的子菜单中选择相应的对齐命令或单击工具栏中的"对齐"按钮，在弹出的下拉菜单中选择相应的按钮命令即可，如图 2-36 所示即为将多个对象进行左对齐的效果。

图 2-36　对齐效果

2.3　其他常用基本操作

为了更好地掌握和使用 Fireworks，下面介绍插入其他文件中的对象以及撤销与重复操作等内容。

2.3.1　插入其他文件中的对象

其他图像编辑软件所编辑的图片对象可以轻松地插入到 Fireworks 中，从而实现不同软件资源的共享效果。

将其他软件中的图片对象插入到 Fireworks 的方法主要有以下两种。

（1）通过快捷键插入：复制需要插入的对象，在 Fireworks 中选择【编辑】/【粘贴】菜单命令或按【Ctrl+V】键，也可以在画布空白处点击鼠标右键，在弹出的快捷菜单中选择"粘贴"命令，此时将打开"Fireworks"对话框，如图 2-37 所示，询问是否重新取样，单击 不要重新取样 按钮或 重新取样 按钮即可插入对象。

图 2-37　提示是否重新取样

 单击 不要重新取样 按钮，可以维持对象原始的像素，但对象的大小可能更大或更小；单击 重新取样 按钮，可以维持对象原始的高度和宽度，但可能会自动去掉一些部分。

（2）拖动鼠标插入：在其他软件的图像上按住鼠标左键不放，拖动鼠标至 Fireworks 的编辑区，此时鼠标指针会变为 形状，释放鼠标，所选对象将插入到当前编辑的文档中，如图 2-38 所示即为拖动 Photoshop 中的对象到 Fireworks 中的效果。

图 2-38　拖动 Photoshop 中的对象到 Fireworks 中的效果

 如果想插入其他文件中的文本对象，可以直接复制需要的文本，然后切换到 Fireworks 中，按【Ctrl+V】键粘贴即可，粘贴的文本对象同样在 Fireworks 中具有文本属性，可以按文本进行编辑。

2.3.2　撤销与重复操作

使用"撤销"和"重复"命令，可以随时在编辑过程中控制图片的编辑效果，当出现错误编辑操作时，可以撤销错误的编辑；如果发现不应该撤销，还能通过重复功能取消撤销的操作。

实现撤销与重复效果的方法主要有以下 3 种。

（1）使用工具按钮撤销与重复：单击工具栏中"撤销"按钮 可撤销最近一次的操作；单击"重复"按钮 可回到撤销之前的操作。

（2）使用快捷键撤销与重复：此方法在前面已经有过介绍，即按【Ctrl+Z】键可以撤销最近一次的操作；按【Ctrl+Y】键可以回到撤销之前的操作。

（3）使用"历史记录"面板撤销与重复：选择【窗口】/【历史记录】菜单命令，打开"历史记录"面板，如图 2-39 所示，在

图 2-39　"历史记录"面板

该面板中记录了最近一系列的操作,通过拖动左侧的滑块🔾即可实现操作的撤销与重做效果。

 单击多次"撤销"按钮🔾或按【Ctrl+Z】组合键可依次撤销最近所做的操作;单击多次"重复"按钮🔾或按多次【Ctrl+Y】组合键可依次重做最近撤销的一系列操作。

2.4 课堂实训——打造自己的操作界面

下面将通过课堂实训来综合练习文档的新建、打开、画布属性设置、文档的导入、对象的选择与编辑等多个操作,本实训的效果如图 2-40 所示。

素材文件:素材\第 2 章\text.png、fj01.jpg…	效果文件:效果\第 2 章\xuanchuan.fw.png
视频文件:视频\第 2 章\2-6.swf	操作重点:文档的基本操作与对象的基本操作

图 2-40 效果图

📖 具体操作

1 启动 Fireworks CS6,选择【文件】/【新建】菜单命令或单击"新建"按钮🔾。

2 打开"新建文档"对话框,在"画布大小"栏中将宽度和高度分别设置为"600"和"400",如图 2-41 所示。

3 在"画布颜色"栏中选中"自定义"单选项,单击下方的颜色下拉按钮,在弹出的颜色面板中选择如图 2-42 所示的颜色,单击 确定 按钮。

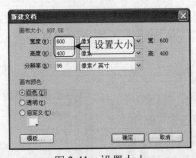

图 2-41 设置大小

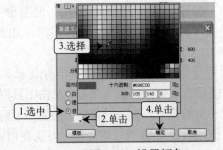

图 2-42 设置颜色

4 选择【文件】/【导入】菜单命令,打开"导入"对话框,在"查找范围"下拉列表框中选择素材提供的"第 2 章"文件夹,然后选择"text.png"文件选项,单击 打开⑩ 按钮,如图 2-43 所示。

5 打开"导出页面"对话框，单击 按钮，如图 2-44 所示。

图 2-43　选择素材文件　　　　　　　　　　　　　　　　图 2-44　确定导入

6 返回当前文档，鼠标指针将会变成 形状，单击鼠标，文件将被导入，如图 2-45 所示。

7 单击"选择"按钮组中的"指针"工具 ，选择导入的对象，将对象移到文档左上方，如图 2-46 所示。

图 2-45　导入的对象　　　　　　　　　　　　　　　图 2-46　移动对象

8 选择【文件】/【打开】菜单命令，打开"打开"对话框，在"查找范围"下拉列表框中选择的素材提供的"第 2 章"文件夹，然后选择"fj01.jpg"文件选项，单击 按钮，如图 2-47 所示。

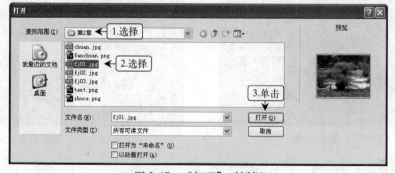

图 2-47　"打开"对话框

9 按照相同方法继续打开素材提供的"fj02.jpg"和"fj03.jpg"文件。

10 单击文档名称选项卡切换到"fj01.jpg"文档编辑窗口，选择【编辑】/【复制】菜单命令或按【Ctrl+C】键复制对象。

11　切换到之前创建的文档编辑窗口，选择【编辑】/【粘贴】菜单命令或按【Ctrl+V】键，打开"Fireworks"对话框，单击 不要重新取样 按钮，如图 2-48 所示。

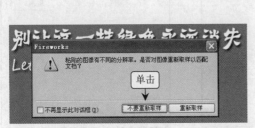

图 2-48　粘贴文档

12　选择粘贴的对象，使用"缩放"工具 将对象缩放到合适的大小，如图 2-49 所示。

13　按照相同方法复制"fj02.jpg"和"fj03.jpg"文档中的对象，并粘贴到新建的文档中，将其缩放到合适的大小，缩放时可充分利用智能辅助线功能控制对象的大小，使其大小一致，如图 2-50 所示。

图 2-49　缩放对象　　　　　　　　　　　　图 2-50　缩放并对齐对象

14　选择上方的文字对象，使用"倾斜"工具 将对象适当倾斜，如图 2-51 所示。

15　选择左边的图片对象，使用"扭曲"工具 将对象适当扭曲，如图 2-52 所示。

图 2-51　倾斜对象　　　　　　　　　　　　图 2-52　扭曲对象

16　使用相同方法扭曲右边的图片对象，如图 2-53 所示。

17　切换到"指针"工具 ，按住【Shift】键的同时，选择 3 幅图片对象，如图 2-54 所示。

18　选择【修改】/【组合】菜单命令，将选择的多个对象组合成一个对象，如图 2-55 所示。

图 2-53 扭曲右方对象

图 2-54 选择多个对象

19 按住【Shift】键，加选上方的文字对象，如图 2-56 所示。

图 2-55 组合对象

图 2-56 选择对象

20 单击工具栏中的"对齐"按钮 ，在弹出的下拉菜单中选择"左对齐"命令，将所选对象进行左对齐设置，效果如图 2-57 所示。

21 选择【文件】/【保存】菜单命令或按【Ctrl+S】键。

22 打开"另存为"对话框，在"保存在"下拉列表框中选择文档保存的位置，在"文件名"下拉列表框中将文件名设置为"xuanchuan.fw.png"，单击 保存(S) 按钮，如图 2-58 所示。

图 2-57 对齐对象

图 2-58 保存对象

2.5 疑难解答

1. 问：保存文档时，直接保存和另存文档有什么区别呢？

答：直接保存文档时会覆盖之前的源文件，而另存文档会重新生成一个文件，对源文件没影响，这样可以避免编辑错误后覆盖源文件的问题，起到备份的作用。另外，新建的文档直接保存只能保存为 PNG 格式，而选择【文件】/【另存为】菜单命令另存文档则可选择其他格式进行保存。

2. 问：如果不习惯使用 Fireworks 中默认的扩展名 "fw.png" 对文件命名，可不可以将其取消呢？

答：可以。选择【编辑】/【首选参数】菜单命令，打开 "首选参数" 对话框，在 "类别" 列表框中选择 "常规" 选项，在 "常规" 选项中取消选中 "附加.fw.png" 复选框即可。

3. 问：想要编辑组合对象中的某一对象，但又不想取消组合，有什么方法可以实现这个效果呢？

答：可以使用 "选择" 按钮组中 "部分选定" 工具 来达到目的。单击 "部分选定" 工具按钮 ，此时可任意选择成组对象中的某个单个对象，并能单独对其进行缩放、倾斜、扭曲等编辑。

4. 问：浏览器中的图片能不能插入到 Fireworks 中呢？

答：可以，方法与插入其他软件中的图片对象相同，直接将需要的图片拖动到 Fireworks 编辑区即可。需要注意的是，如果当前图片在浏览器中是一个超链接，而不是图片本身，则无法将该图片插入到 Fireworks 中。

2.6　课后练习

1. 新建一个空白文档，将画布的高度和宽度分别改为 "400" 和 "300"，画布颜色自定义为编码蓝色，颜色代码为 "#265CFF"。

2. 在上题的基础上导入一个 jpg 格式的文件（素材\第 2 章\课后练习\shumu.jpg），并将文档另存为 "shumu.png" 文档（效果\第 2 章\课后练习\shumu.png）。

3. 选择一个对象，将其剪切到上题的文档中（素材\第 2 章\课后练习\sheji.jpg），并把该文档保存为 PSD 格式（效果\第 2 章\课后练习\sheji.psd）。

4. 缩放、倾斜和扭曲一个对象（素材\第 2 章\课后练习\sheji.jpg），并将其顺时针旋转 90°（效果\第 2 章\课后练习\sheji.png）。

5. 将多个对象组合在一起，再将它们取消组合，并依次对其叠放。本题中的对象素材，在 "素材\第 2 章" 中任意选取 jpg 格式的文件。

6. 尝试将浏览器中的某个按钮图片插入到 Fireworks 中，并使用 "9 切片缩放" 工具对其进行放大设置，保持按钮四个角的形状不产生严重变形。

第 3 章　矢量图形的创建与编辑

教学要点

Fireworks CS6 提供了矢量图形编辑功能和位图图像编辑功能，本章将首先介绍矢量图形的创建与编辑，其中包括矢量图形的定义与特点、预设矢量图形的创建、矢量图形的绘制以及矢量图形的高级应用等内容。

教学重点与难点

➢ 了解矢量图形的定义及特点
➢ 掌握各种预设矢量图形的创建与编辑方法
➢ 掌握矢量图形的绘制方法与路径的编辑方法
➢ 熟悉路径的扩展、收缩、合并、改变等各种高级应用

3.1　矢量图形概述

在网页设计中，矢量图形是很常见的一种网页元素，使用 Fireworks 创建矢量对象不仅简单，而且编辑方便，从而节省了网页设计的时间。

- 矢量图形的定义：矢量图形也称为绘图图形，其路径是由直线或曲线链接的点。矢量图形的笔触与路径的颜色是一致的。通过修改路径或路径上的点，可以改变矢量图形的形状，还可以通过填充颜色改变矢量图形的颜色，如图 3-1 所示便是填充了颜色的矢量图形。
- 矢量图形的特点：由于矢量图形的路径和路径之间的关系，移动、缩放其大小、改变颜色和形状等，图形的外观品质都不会受到影响。矢量图形具有独立的分辨率，可以在任何的分辨率下显示，而且显示的图形不会失真，如图 3-2 所示即为矢量图像放大后的对比效果。

图 3-1　填充了颜色的矢量图形

图 3-2　放大后效果

3.2　创建预设的矢量图形

Fireworks 中预设了大量的矢量图形对象，如矩形、椭圆、多边形等，掌握这些对象的创建与编辑操作，可以更加高效地设计出需要的矢量图形。

3.2.1 直线

直线是最常见的一种矢量图形，在网页设计中会经常用到，下面介绍创建、编辑直线的方法。

1. 创建直线

直线的创建可以通过直线工具来实现。单击"矢量"按钮组中的"直线"工具按钮 ，此时鼠标指针将会变为"+"形状，在文档编辑窗口中按住鼠标左键不放并拖动鼠标，到需要的长度后释放鼠标即可创建一条直线，如图 3-3 所示。

 使用"直线"工具 创建直线时，按住【Shift】键不放并拖动鼠标可以创建水平、垂直或成 45° 倍数的直线。

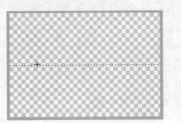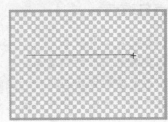

图 3-3　创建直线

2. 编辑直线

编辑直线主要用于控制直线的位置、长度以及倾斜度等，下面分别介绍移动直线、调整直线长度、倾斜度以及精确控制其大小和位置的方法。

（1）移动直线：使用"选择"按钮组中的"指针"工具 或"部分选定"工具 选择要移动的直线，拖动鼠标即可，如图 3-4 所示。

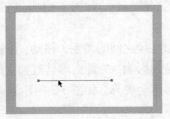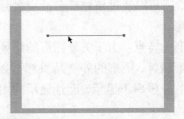

图 3-4　移动直线

（2）调整直线长度：选择直线，单击"缩放"工具 ，任意拖动直线两端的控制点即可，如图 3-5 所示。

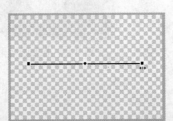

图 3-5　调整长度

（3）调整直线倾斜度：使用"部分选定"工具 选择直线，移动鼠标指针到直线两端的任意点上，鼠标指针将变为" " 形状，拖动控制点即可，如图 3-6 所示。

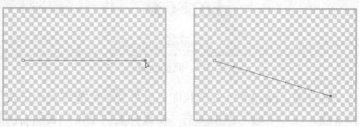

图 3-6　调整倾斜度

（4）精确控制直线大小和位置：选择直线，在"属性"面板的"宽"和"高"文本框中输入相应的数字，即可精确控制大小。在"X"和"Y"文本框中输入相应的数字，即可精确控制位置，如图 3-7 所示。

图 3-7　精确设置大小和位置

3. 设置直线颜色

直线的颜色是由笔触颜色决定的，其颜色默认为黑色，下面分别介绍更改直线颜色、粗细以及设置直线笔触的外观的操作。

（1）更改直线颜色：选择直线，在"属性"面板的"笔触"栏中单击颜色下拉按钮 ，在弹出的颜色面板中选择相应的颜色选项即可，如图 3-8 所示。

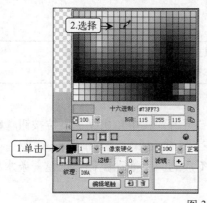

图 3-8　更改颜色

 在"工具"面板的"颜色"按钮组中单击"笔触"颜色下拉按钮 ，在弹出的颜色面板中选择相应的颜色选项，也可更改直线的颜色。

（2）调整直线粗细：选择直线，在"笔触"栏的"笔尖大小"文本框中输入"1~100"之间的数字或单击文本框右侧的下拉按钮 ，在弹出的滑块条中拖动滑块 均可调整直线粗细，如图 3-9 所示。

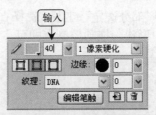

图 3-9　调整粗细

（3）设置直线笔触外观：路径的外观形状即笔触外观，它能直观地反映矢量图形中路径的外观样式。选择直线，在"笔触"栏中单击"描边种类"下拉列表框右侧的下拉按钮，在弹出的下拉列表中选择相应的选项即可设置笔触外观，如图 3-10 所示。

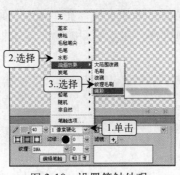

图 3-10　设置笔触外观

本节主要介绍了直线的一些基本知识，包括直线的创建、直线的编辑以及直线颜色的设置等内容。下面将以绘制一幅"苍蝇拍"矢量图形为例，介绍直线的创建和各种编辑方法。

上机实战　创建　"苍蝇拍"矢量图形

素材文件：素材\第 3 章\cyp.png	效果文件：效果\第 3 章\cyp.png
视频文件：视频\第 3 章\3-1.swf	操作重点：创建、调整、设置直线

1　在 Fireworks 中打开素材提供的"cyp.png"文件。

2　单击"直线"工具 ，在"属性"面板的"笔触"栏中单击颜色下拉按钮 ，在弹出的颜色面板中选择如图 3-11 所示的颜色，并在"笔尖大小"文本框中输入"2"。

3　将鼠标指针移至编辑区，按住【Shift】键不放的同时拖动鼠标，创建一条水平的直线，如图 3-12 所示。

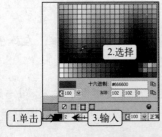

图 3-11　设置颜色

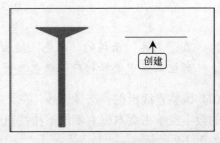

图 3-12　创建直线

4 按相同方法再创建一条水平和两条垂直的直线，如图 3-13 所示。

5 选择最上面的水平直线，在"属性"面板中"路径"栏的"宽"文本框中输入"127"，如图 3-14 所示。

6 选择左下方的垂直直线，在"属性"面板中"路径"栏的"高"文本框中输入"127"，如图 3-15 所示。

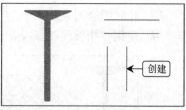

图 3-13　创建其他水平和垂直直线

7 按照相同方法设置另一条水平直线和垂直直线的"宽"和"高"。

8 切换到"指针"工具 并选择直线，利用智能辅助线移动直线到合适的位置，将 4 条直线围成一个正方形，如图 3-16 所示。

图 3-14　设置宽度

图 3-15　设置高度

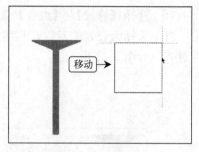

图 3-16　移动直线

9 框选这 4 条直线，选择【修改】/【组合】菜单命令，将其组合成一个对象。

10 切换到"直线"工具 ，将鼠标指针移至组合对象下方的边上，按住【Shift】键不放，向右上方拖动鼠标创建呈 45°角的直线，如图 3-17 所示。

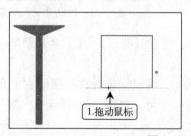

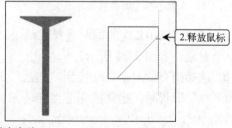

图 3-17　创建直线

11 按照相同方法，在组合对象区域内创建多条 45°角的直线，如图 3-18 所示。

12 切换到"指针"工具 ，选择组合成的矩形对象，单击"笔触"栏中的"描边种类"下拉列表框右侧的下拉按钮，在弹出下拉列表中选择【蜡笔】/【加粗】选项，如图 3-19 所示。

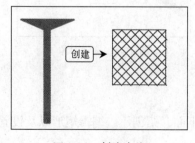

图 3-18　创建直线

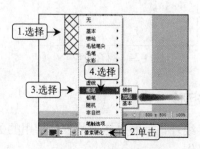

图 3-19　选择笔触外观

13 此时组合对象的 4 条边便应用了所做的设置，如图 3-20 所示。

14 使用"指针"工具 框选创建的所有直线，如图 3-21 所示。

图 3-20 设置后的效果

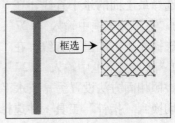
图 3-21 框选所有直线

15 选择【修改】/【组合】菜单命令，再次组合成一个对象，如图 3-22 所示。

16 选择组合好的对象，利用智能辅助线的对齐功能，将其移至苍蝇拍手柄对象的上方并对齐，如图 3-23 所示。

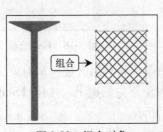
图 3-22 组合对象

图 3-23 移动并对齐对象

17 按住【Shift】键的同时选择这两个对象，选择【修改】/【组合】菜单命令，将其组合成一个对象，如图 3-24 所示。

18 选择组合的对象，切换到"缩放"工具 ，将鼠标指针移至图形右上角的外侧，当其变为"∩"形状时，拖动鼠标适当旋转矢量图形即可，如图 3-25 所示。

图 3-24 组合对象

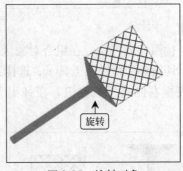
图 3-25 旋转对象

3.2.2 矩形

除直线外，矩形也是一种十分常用的矢量图形，下面介绍创建、编辑矩形以及设置矩形颜色的操作。

1. 创建矩形

矩形的创建可以通过 Fireworks "矩形"工具中预设的矩形来实现。单击"矢量"按钮组中的"矩形"工具按钮 ，在文档编辑窗口中按住鼠标左键不放并拖动鼠标到合适的大小后，释放鼠标即可创建一个矩形，如图 3-26 所示。

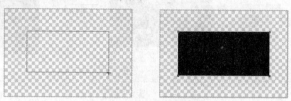

图 3-26　创建矩形

使用"矩形"工具 时，按住【Shift】键拖动鼠标可创建正方形；按住【Alt】键拖动鼠标可以创建以起始位置为中心的矩形；按住【Shift+Alt】键拖动鼠标可以创建以起始位置作为中心的正方形。

2. 编辑矩形

创建矩形后可以随时对其位置、大小等属性进行设置，其方法分别如下。

（1）移动矩形：使用"指针"工具 或"部分选定"工具 选择将要移动的矩形，拖动鼠标即可，如图 3-27 所示。

图 3-27　移动矩形

（2）调整矩形大小：选择将要调整的矩形，然后选择【修改】/【变形】/【缩放】菜单命令或单击"缩放"工具 ，拖动矩形上出现的控制点即可，如图 3-28 所示。

图 3-28　调整大小

精确控制矩形大小和位置的方法与精确控制直线大小和位置的方法相同。

3. 设置矩形颜色

创建矩形后，可以设置其笔触颜色和填充颜色，其中设置笔触颜色的方法与设置直线颜色的方法相同，下面分别介绍设置矩形填充颜色和渐变填充矩形的方法。

（1）设置矩形填充颜色：选择矩形，在"属性"面板的"填充"栏中单击填充颜色下拉按钮 ，在弹出的颜色面板中选择相应的颜色选项即可，如图 3-29 所示。

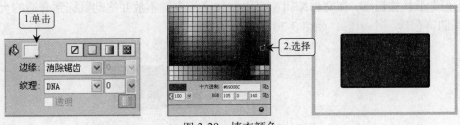

图 3-29　填充颜色

在"工具"面板的"颜色"按钮组中单击填充颜色下拉按钮 ，在弹出的颜色面板中选择相应的颜色选项，也可以设置矩形的填充颜色。

（2）渐变填充矩形：选择矩形，单击"填充"栏中的"渐变填充"按钮 ，在弹出的面板中单击"渐变"下拉列表框右侧的下拉按钮，在弹出的下拉列表中选择相应的选项即可，如图 3-30 所示。

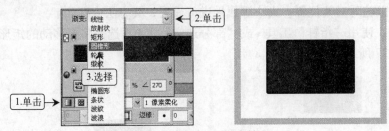

图 3-30　渐变填充

本节主要介绍了矩形的一些基本知识，包括矩形的创建、矩形笔触颜色、填充颜色的设置以及渐变填充矩形等，下面以创建"金砖"矢量图形为例，介绍矩形的应用方法。

上机实战　创建"金砖"矢量图形

素材文件：素材\第 3 章\huangjin.png	效果文件：效果\第 3 章\huangjin.png
视频文件：视频\第 3 章\3-2.swf	操作重点：创建、编辑、填充矩形

1　在 Fireworks 中打开素材提供的"huangjin.png"文件，如图 3-31 所示。

2　单击"矩形"工具按钮 ，创建一个矩形，利用"属性"面板将宽度设置为"239"、高度设置为"57"，如图 3-32 所示。

图 3-31　打开素材

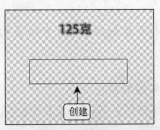

图 3-32　创建矩形

3　单击"笔触"栏中的颜色下拉按钮 ，在弹出的颜色面板中选择如图 3-33 所示的颜色，设置矩形的笔触颜色。

 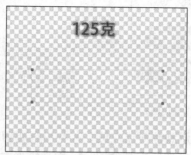

图 3-33　设置笔触颜色

4　单击"颜色填充"栏中的颜色下拉按钮，在弹出的颜色面板中选择如图 3-34 所示的颜色，填充矩形。

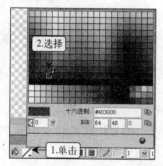 

图 3-34　设置填充颜色

5　单击"颜色填充"栏中的"渐变填充"按钮，在弹出的面板中单击"渐变"下拉列表框右侧的下拉按钮，在弹出的下拉列表中选择如图 3-35 所示的"缎纹"选项，渐变填充矩形。

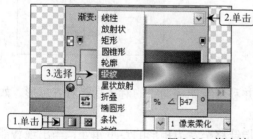 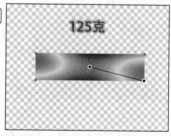

图 3-35　渐变填充矩形

渐变填充矩形后，矩形上将出现"渐变填充"调整线，拖动该调整线两端的控制点，可以调整渐变效果，如渐变的中心以及渐变的方向等。

6　切换到"指针"工具选择矩形，按【Ctrl+C】键复制矩形，再按【Ctrl+V】键粘贴矩形，此时复制的矩形将会与源对象完全重叠，使用"部分选定"工具选择矩形并拖动到适合的位置，如图 3-36 所示。

7 在"属性"面板中"矩形"栏的"宽"文本框中输入"40",如图 3-37 所示。

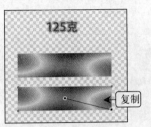

图 3-36 复制矩形

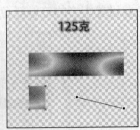

图 3-37 设置宽度

8 拖动矩形到源对象左侧,并利用智能辅助线的对齐功能对齐矩形,如图 3-38 所示。

9 单击"倾斜"工具按钮 ,拖动矩形左侧中间的控制点到适合的位置,适当倾斜矩形,如图 3-39 所示。

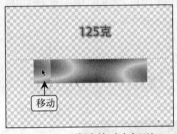

图 3-38 移动并对齐矩形

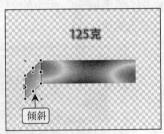

图 3-39 倾斜矩形

10 按【Ctrl+C】键复制倾斜后的矩形,再按【Ctrl+V】键粘贴该矩形,使用"部分选定"工具 将粘贴的矩形移动到右侧适当的位置,如图 3-40 所示。

11 单击工具栏中的"垂直翻转"按钮 翻转矩形,如图 3-41 所示。

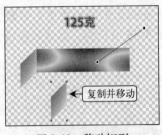

图 3-40 移动矩形

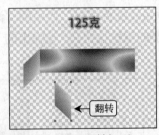

图 3-41 翻转矩形

12 拖动矩形到第 1 个矩形的右侧,并利用智能辅助线的对齐功能对齐矩形,如图 3-42 所示。

13 切换到"矩形"工具 ,将鼠标指针移至左边矩形的左下角处,当出现智能辅助线时按住鼠标左键不放,如图 3-43 所示。

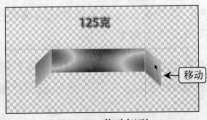

图 3-42 移动矩形

图 3-43 创建矩形

14 拖动鼠标创建矩形，当鼠标指针移至右边对象处，且智能辅助线出现时释放鼠标即可，该矩形会自动应用之前设置的笔触和填充颜色，如图 3-44 所示。

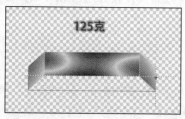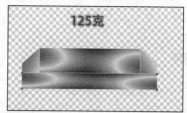

图 3-44 创建矩形

15 选择该矩形，单击"倾斜"工具，拖动矩形左上角的控制点到合适的位置，如图 3-45 所示。

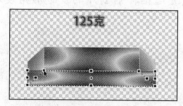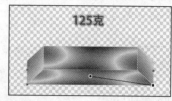

图 3-45 倾斜矩形

16 选择提供的素材文件对象，拖动对象到适合的位置，如图 3-46 所示。

17 单击工具栏中的"移到最前"按钮即可，效果如图 3-47 所示。

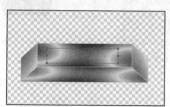

图 3-46 移动对象　　　　　　　　　图 3-47 排列对象

3.2.3 椭圆

在"矩形"工具按钮上按住鼠标左键不放，在弹出的下拉列表中选择"椭圆"工具，按照创建矩形的方法拖动鼠标即可创建椭圆，如图 3-48 所示。

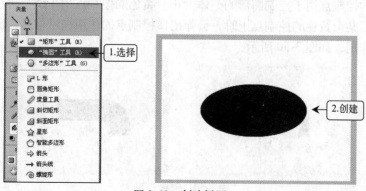

图 3-48 创建椭圆

使用"椭圆"工具 时，按住【Shift】键拖动鼠标可以创建正圆，按住【Alt】键拖动鼠标可以创建以起始位置作为中心的椭圆，按住【Shift+Alt】键拖动鼠标可以创建以起始位置作为中心的正圆。

3.2.4 多边形

使用 Fireworks 提供的"多边形"工具 可以创建任意边数的多边形。在"矩形"工具按钮 上按住鼠标左键不放，在弹出的下拉列表中选择"多边形"工具 ，在"属性"面板中设置多边形的边数和角度，拖动鼠标即可创建对应的多边形，如图 3-49 所示。

 选中"属性"面板中"角度"文本框右侧的"自动"复选框，Fireworks 将根据多边形的边数自动调整角度，取消选中该复选框，则创建的多边形角度不随边数的增加和减少而变化。

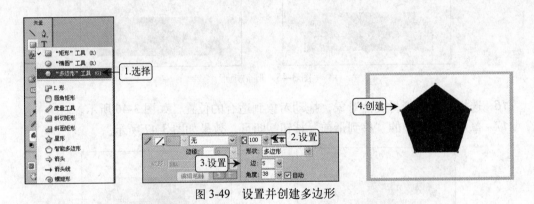

图 3-49　设置并创建多边形

3.2.5 其他常用预设矢量图形

除矩形、椭圆和多边形外，Fireworks 中还有许多其他的预设矢量图形，下面将分别介绍它们的创建方法。

1. L 形

L 形矢量图形的创建方法与矩形的创建方法基本一致，只需选择"L 形"工具 ，然后拖动鼠标即可创建。与矩形创建时不同的是，选择 L 形对象后，会出现蓝色和黄色两种控制点，其中蓝色的控制点用于控制图形的整体大小；黄色的控制点用于调整对象的局部属性。将鼠标指针移至某个黄色的控制点上时，会弹出该控制点的作用提示信息，通过该内容即可了解控制点的作用，如图 3-50 所示。

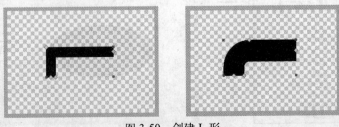

图 3-50　创建 L 形

2. 圆角矩形

使用"圆角矩形"工具█可创建带有圆角的矩形。在"矩形"工具按钮█上按住鼠标左键不放，在弹出的下拉列表中选择"圆角矩形"工具█，拖动鼠标即可，如图 3-51 所示。

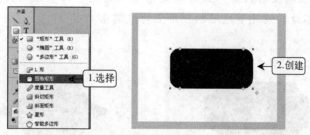

图 3-51　创建圆角矩形

Fireworks 允许直接将矩形更改为圆角矩形，方法为：选择矩形，在"笔触"栏的
"圆度"文本框中输入"0~100"的任意数字或单击该文本框右侧的下拉按钮▾，
在弹出的滑块条中拖动滑块选择即可。

3. 度量工具

"度量"工具█用于测量对象的实际尺寸。选择"度量工具"工具█，在需要测量对象的起始位置开始按住鼠标左键不放，拖动鼠标指针到结束的位置，释放鼠标即可创建该对象，此时对象上将显示一条红色的测量线并显示了所测量距离的长度，如图 3-52 所示。

图 3-52　测量对象尺寸

4. 斜切矩形

"斜切矩形"工具█用于创建带有切角的矩形矢量对象。在"矩形"工具按钮█上按住鼠标左键不放，在弹出的下拉列表中选择"斜切矩形"工具█，拖动鼠标即可创建斜切矩形。拖动其控制点可以修改边角的斜切量，如图 3-53 所示。

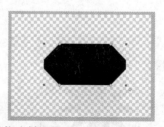

图 3-53　创建并修改斜切量

5. 斜面矩形

"斜面矩形"工具█可以用于创建边角在矩形内部呈圆形的矢量图形。在"矩形"工具按

钮上按住鼠标左键不放，在弹出的下拉列表中选择"斜面矩形"工具，拖动鼠标即可创建斜面矩形。拖动其控制点可修改边角的倒角半径，如图 3-54 所示。

TIPS► 如果想单独调整斜切矩形或斜面矩形某个角的斜切量或倒角半径，可以在按住【Alt】键不放的情况下拖动相应角上的控制点。

 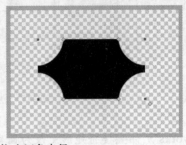

图 3-54 创建并修改倒角半径

6. 星形

"星形"工具可以用于创建顶点数在"3～50"的星形矢量图形。在"矩形"工具按钮上按住鼠标左键不放，在弹出的下拉列表中选择"星形"工具，拖动鼠标即可创建星形。星形具有 5 个黄色控制点，各控制点的作用分别如下。

（1）修改"顶点"数：选择星形，将鼠标指针移至"顶点"控制点上，鼠标指针将变为空心样式，并弹出提示信息"点：5"，按住鼠标左键不放，上下拖动鼠标即可改变星形顶点数，如图 3-55 所示。

图 3-55 修改顶点数

（2）修改"半径 1"长度：选择星形，将鼠标指针移至"半径 1"控制点上，鼠标指针将变为空心样式，并弹出提示信息"半径 1"，拖动鼠标即可调整星形外侧半径的大小，如图 3-56 所示。

图 3-56 修改"半径 1"长度

（3）修改"半径 2"长度：选择星形，将鼠标指针移至"半径 2"控制点上，鼠标指针将变为空心样式，并弹出提示信息"半径 2"，拖动鼠标即可调整星形内侧半径的大小，如图 3-57 所示。

图 3-57 修改"半径 2"长度

（4）修改"圆度 1"圆度：选择星形，将鼠标指针移至"圆度 1"控制点上，鼠标指针将变为空心样式，并弹出提示信息"圆度 1"，拖动鼠标即可调整星形外角的圆滑程度，如图 3-58 所示。

图 3-58 修改"圆度 1"圆度

（5）修改"圆度 2"圆度：选择星形，将鼠标指针移至"圆度 2"控制点上，鼠标指针将变为空心样式，并弹出提示信息"圆度 2"，拖动鼠标即可调整星形内角的圆滑程度，如图 3-59 所示。

图 3-59 修改"圆度 2"圆度

7. 箭头

"箭头"工具可以用于创建具有普通箭头形状的矢量图形。在"矩形"工具按钮上按住鼠标左键不放，在弹出的下拉列表中选择"箭头"工具，拖动鼠标即可创建箭头形状。拖动箭头对象上不同的黄色控制点可以调整箭头的大小、尖度以及箭尾的圆度、厚度和高度，如图 3-60 所示。

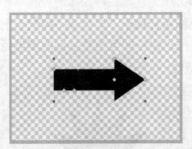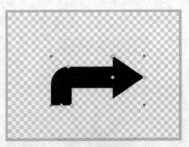

图 3-60　创建并调整箭头

3.2.6　自动形状属性面板

使用"自动形状属性"面板可以创建各种预设矢量图形并进行精确控制。下面以应用"自动形状属性"面板创建并设置星形为例，介绍该面板的使用方法。

上机实战　应用"自动形状属性"面板

素材文件：无	效果文件：效果\第 3 章\xingxing.png
视频文件：视频\第 3 章\3-3.swf	操作重点：使用"自动形状属性"面板

1　新建一个空白文档，选择【窗口】/【自动属性形状】菜单命令，打开"自动形状属性"面板，如图 3-61 所示。

2　单击"自动形状属性"面板中的星形按钮☆，在文档编辑区将自动创建一个星形的矢量图形，同时该图形处于选择状态，如图 3-62 所示。

3　此时"自动形状属性"面板将从创建状态变为设置星形参数的状态，如图 3-63 所示。

图 3-61　"自动形状属性"面板

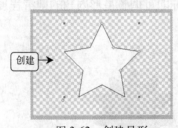

图 3-62　创建星形

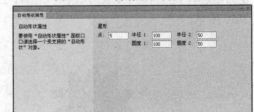

图 3-63　改变状态后的面板

　取消选择星形矢量图形，"自动形状属性"面板将恢复为默认状态。

4　单击"属性"面板中的填充颜色下拉按钮，在弹出的颜色面板中选择如图 3-64 所示的颜色。

5　在"自动形状属性"面板中将星形的点设为"10"、半径 1 设为"120"、半径 2 设为"28"、圆度 1 设为"120"、圆度 2 设为"28"，如图 3-65 所示。

6　按【Enter】键或【Tab】键，此时星形将应用设置的效果，如图 3-66 所示。

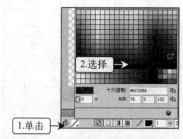

图 3-64　填充颜色

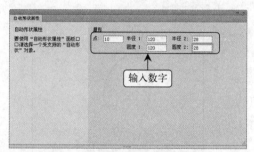

图 3-65　设置参数

图 3-66　设置后的效果

 根据创建对象的不同,"自动形状属性"面板的参数也会不同,可以根据实际情况对属性进行设置。

3.3　绘制矢量图形

Fireworks 中除预设了大量的矢量图形对象外,还可以根据实际需要自行绘制任意形状的矢量图形,从而方便实际工作中更为快捷地设计出需要的图形对象。下面将详细介绍矢量图形的对象组成、"钢笔"工具的使用以及编辑绘制矢量图形的方法。

3.3.1　矢量图形的组成对象

绘制的矢量图形都是由"路径"、"角节点"、"贝塞尔节点"以及"节点手柄"组成的,这些名称的含义分别如下。

- 路径:点与点之间连接的直线或曲线叫做路径,其作用主要用于定义矢量图形的形状。
- 角节点:绘制直线时的点叫做角节点,不同类型的点决定了所绘线段是直线还是曲线,直线的角节点为方形, 如图 3-67 所示。
- 贝塞尔节点:绘制曲线时的点叫做贝塞尔节点,其形状为圆形, 如图 3-68 所示。
- 节点手柄:使用"部分选定"工具 选择贝塞尔节点时,所出现的带有实心圆点的蓝色线条,即为节点手柄,如图 3-69 所示。在实心圆点上按住鼠标左键不放,拖动鼠标便可控制路径的弯曲方向和程度,如图 3-70 所示。

 在 Fireworks 中,不论是使用"钢笔"工具还是其他绘图工具绘制的矢量图,所有矢量图的所有点都有节点手柄,但节点手柄只能在曲线上才能显示。

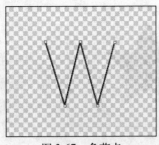

图 3-67 角节点

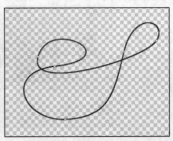

图 3-68 贝塞尔节点

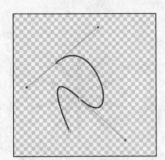

图 3-69 节点手柄

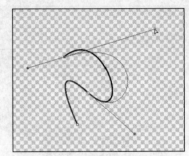

图 3-70 改变弯曲程度

3.3.2 使用钢笔工具绘制矢量图形

使用"钢笔"工具📷可以绘制各种矢量图形，以满足日常工作中对各种图形的不同需求，下面首先介绍使用该工具绘制无曲线、包含曲线以及闭合的矢量图形。

1. 创建无曲线的矢量图形

单击"钢笔"工具按钮📷，此时鼠标指针将变为📷形状，在画布中单击鼠标创建一个角节点，移动鼠标到合适的位置再次单击鼠标创建下一个角节点，此时一条直线将会把这两个点连接起来，继续移动鼠标并单击可创建第 3 个角节点，同时将自动创建直线与该节点相连。按相同方法即可继续创建角节点，从而实现无曲线矢量图形的创建。完成创建后双击最后的角节点或选择其他工具退出绘制状态，如图 3-71 所示。

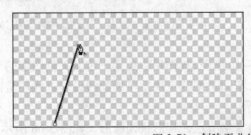

图 3-71 创建无曲线的矢量图形

使用"钢笔"工具📷创建无曲线的矢量图形时，按住【Shift】键不放，拖动鼠标便可创建由水平、垂直或呈 45°方向的直线所组成的矢量图形。

2. 创建包含曲线的矢量图形

使用"钢笔"工具📷可以创建曲线和包含曲线的矢量图形，前者表示矢量图形中的节点均是贝塞尔节点；后者表示矢量图形中既包含角节点，又包含贝塞尔节点。下面分别介绍这两种矢量图形的创建方法。

（1）创建曲线：单击"钢笔"工具按钮，此时鼠标指针将变为形状，在画布中按住鼠标左键不放创建一个贝塞尔节点，拖动鼠标，此时将显示该节点的节点手柄，释放鼠标后将鼠标移至需创建的下一个节点的位置，重复创建第一个贝塞尔节点的方法创建其他节点即可，如图 3-72 所示。完成后切换到其他工具结束创建操作。

（2）创建曲线矢量图形：单击"钢笔"工具按钮，此时鼠标指针将变为形状，在画布中单击鼠标创建一个角节点，移动鼠标到需创建的下一个节点位置，单击鼠标可创建角节点，按住鼠标左键不放并拖动鼠标可创建贝塞尔节点，按相同方法继续创建节点即可，如图 3-73 所示。完成后切换到其他工具结束创建操作。

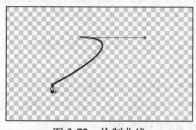

图 3-72 绘制曲线

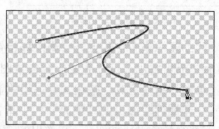

图 3-73 绘制曲线矢量图形

3 创建闭合矢量图形

使用"钢笔"工具还可以创建闭合的矢量图形，下面以综合利用角节点和贝塞尔节点来创建"树叶"图形为例，介绍闭合矢量图形的创建。

上机实战 创建"树叶"矢量图形

素材文件：素材\第 3 章\shuye.png	效果文件：效果\第 3 章\shuye.png
视频文件：视频\第 3 章\3-4.swf	操作重点：角节点、贝塞尔节点的创建

1 在 Fireworks 中打开素材提供的"shuye.png"文件。

2 单击"钢笔"工具按钮，鼠标指针变为形状，移动鼠标指针至提供的素材文件对象右上方处，如图 3-74 所示。

3 单击鼠标，创建一个角节点，移动鼠标至适合的位置，按住鼠标左键不放并拖动鼠标，创建一个贝塞尔节点，同时节点手柄出现，如图 3-75 所示。

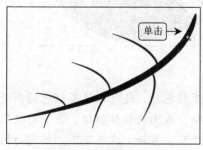

图 3-74 选择工具

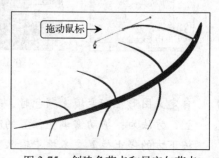

图 3-75 创建角节点和贝塞尔节点

4 释放鼠标，移动鼠标到素材文件的左下方处，单击鼠标，创建下一个角节点，如图 3-76 所示。

5 移动鼠标至适合的位置，按住鼠标左键不放并拖动鼠标，再创建一个贝塞尔节点，如图 3-77 所示。

图 3-76 创建角节点

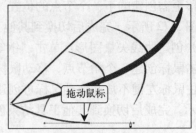

图 3-77 创建贝塞尔节点

6 移动鼠标至节点起点处，当鼠标指针变为形状时，按住鼠标左键不放并拖动鼠标，创建最后一个贝塞尔节点，完成闭合矢量图形的创建，如图 3-78 所示。

7 单击"指针工具"按钮，退出绘制状态，同时闭合路径处于选择状态。

8 在"属性"面板的"填充"栏中单击"渐变填充"按钮，在打开的对话框中单击色带左下方的颜色滑块按钮，在弹出的颜色面板中选择如图 3-79 所示的颜色。

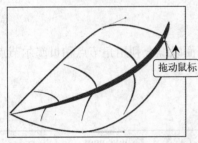

图 3-78 闭合实例图形

图 3-79 选择颜色

9 单击色带右下方的颜色滑块按钮，在弹出的颜色面板中选择如图 3-80 所示的颜色，对象即应用了当前设置的填充效果。

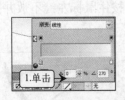

图 3-80 选择颜色

自定义图形在渐变填充颜色时，除了设置渐变颜色外，还可以设置颜色的渐变位置，方法为：拖动需调整位置的颜色滑块按钮，或选择该按钮后，在"渐变"面板下方的停止位置文本框中输入具体的数字即可。另外，在色带下方的空白区域单击鼠标还可增加渐变颜色，向上拖动颜色滑块按钮可删除该渐变颜色。

10　单击工具栏中的"移到最后"按钮，将对象移到最底层，如图 3-81 所示。

11　将鼠标指针移动到渐变填充控制线下方的控制点上，按住鼠标左键不放，往右上方拖动控制点到适合的位置，如图 3-82 所示。

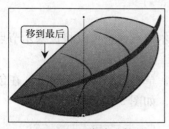

图 3-81　移动对象

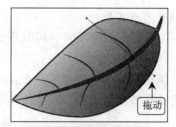

图 3-82　调整颜色范围

12　单击"笔触"栏中"笔触"颜色下拉按钮，在弹出的颜色面板中单击"无颜色"按钮，如图 3-83 所示。

13　完成闭合矢量图形的创建与设置，效果如图 3-84 所示。

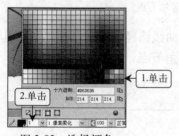

图 3-83　选择颜色

图 3-84　效果图

> 闭合矢量图形路径的起点和终点是相同的，路径重叠构成的回路不是闭合的矢量图形，只有同一个点开始和结束的路径才是闭合的矢量图形。

3.3.3　编辑矢量图形

矢量图形创建完成后，可以根据需要对其进行编辑，以便更加自主地控制图形外观。下面介绍调整矢量图形的路径形状、节点类型、添加、删除节点和控制节点手柄等操作。

1. 调整矢量图形的路径形状

使用"部分选定"工具可以轻松调整矢量图形的路径形状，其方法为：单击"部分选定"工具按钮，选择路径所在的对象，在路径上单击鼠标选择某个节点，按住鼠标左键不放拖动鼠标，移动该节点即可调整路径形状，如图 3-85 所示。

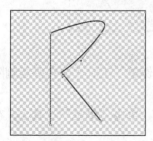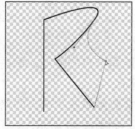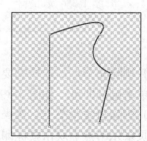

图 3-85　调整路径点

选择节点时，按住【Shift】键可同时选择多个节点，拖动被选中的某个节点，其他被选中的节点也会一起被拖动。贝塞尔节点的拖动方法与其相同。

2. 调整节点类型

编辑矢量图形的路径时，可以将角节点调整为贝塞尔节点，也可以将贝塞尔节点调整为角节点，其方法分别如下。

（1）调整角节点为贝塞尔节点：选择创建好的路径，单击"钢笔"工具 🖋，在创建好的路径上选择并拖动角节点，即可将其调整为贝塞尔节点，如图 3-86 所示。

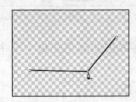 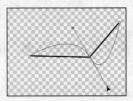 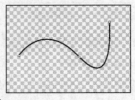

图 3-86　调整为贝塞尔节点

（2）调整贝塞尔节点为角节点：选择创建好的曲线路径，单击"钢笔"工具 🖋，在创建好的曲线路径上单击贝塞尔节点，即可将其调整为角节点，如图 3-87 所示。

 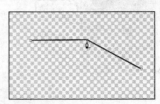

图 3-87　调整为角节点

3. 添加与删除节点

在复杂的路径中，可以通过添加和删除节点来进一步调整和控制路径形状，其方法分别如下。

（1）添加节点：选择需要添加节点的路径，单击"钢笔"工具钮 🖋，在路径上需添加节点的位置单击鼠标即可添加一个新的节点，新节点不会改变路径原有的形状，如图 3-88 所示。

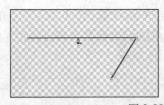 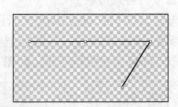

图 3-88　添加节点

（2）删除角节点：选择需要删除角节点的路径，单击"钢笔"工具 🖋，在需要删除的角节点上单击鼠标即可，如图 3-89 所示。

（3）删除贝塞尔节点：选择需要删除贝塞尔节点的路径，单击"钢笔"工具 🖋，在需要删除的贝塞尔节点上双击鼠标即可，如图 3-90 所示。

 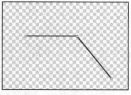  

图 3-89 删除角节点　　　　　　　　　图 3-90 删除贝塞尔节点

4. 控制节点手柄

通过对节点手柄进行控制，可以在不移动节点的前提下完成对路径形状的控制，其方法为：单击"部分选定"工具按钮 ，选择需要控制的路径，将鼠标指针移至贝塞尔节点上，单击鼠标便可显示节点手柄，拖动手柄两端的控制点即可改变对象的形状，如图 3-91 所示。

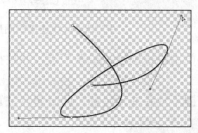 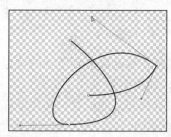

图 3-91 控制节点手柄

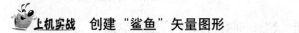

在拖动节点手柄两端的控制点时，按住【Alt】键不放，可以拖动单个点，从而改变单边路径的形状。

本节主要介绍了矢量图形的编辑方法，包括矢量图形的路径调整、节点类型的调整、节点的删除与添加以及节点手柄的控制等，下面以创建"鲨鱼"矢量图形为例，介绍矢量图形的编辑方法。

上机实战　创建"鲨鱼"矢量图形

素材文件：无	效果文件：效果\第 3 章\shayu.png
视频文件：视频\第 3 章\3-5.swf	操作重点：创建、编辑、填充矢量图形

1 新建一个空白文档，单击"钢笔"工具按钮 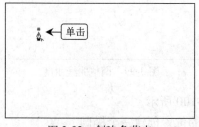，在鼠标指针变为 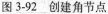 形状时，在画布上单击鼠标，创建一个角节点，如图 3-92 所示。

2 移动鼠标到适合的位置，按住鼠标左键不放并拖动鼠标，创建一个贝塞尔节点，同时节点手柄出现，如图 3-93 所示。

图 3-92 创建角节点　　　　　　　　　图 3-93 创建贝塞尔节点

3 释放鼠标，移动鼠标到适合的位置，按住鼠标左键不放并拖动鼠标，创建下一个贝塞尔节点，如图 3-94 所示。

4 按照相同方法继续创建其他贝塞尔节点，节点之间将以曲线连接成如图 3-95 所示的图形。

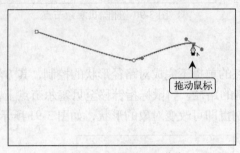

图 3-94　创建贝塞尔节点

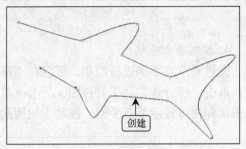

图 3-95　曲线连接的图形

5 释放鼠标，移动鼠标到适合的位置，单击鼠标创建一个角节点，并按相同方法再创建 2 个角节点，如图 3-96 所示。

6 移动鼠标到起点的位置，按住鼠标左键不放并拖动鼠标，此时起点位置的角节点将变为贝塞尔节点，同时完成图形的绘制操作，如图 3-97 所示。

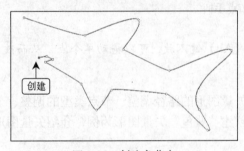

图 3-96　创建角节点

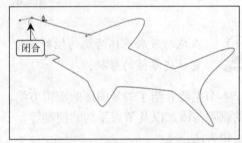

图 3-97　更改节点并闭合图形

7 切换到"部分选定"工具 ，退出绘制状态，同时对象处于选择状态。

8 将鼠标指针移至第一个贝塞尔节点处，单击鼠标，节点手柄出现，如图 3-98 所示。

9 按住【Alt】键不放，移动鼠标指针至节点手柄左侧的控制点上，按住鼠标左键不放，拖动鼠标，将节点左侧的曲线调整到适合的曲度，如图 3-99 所示。

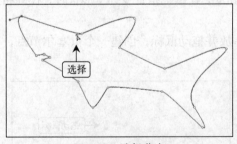

图 3-98　选择节点

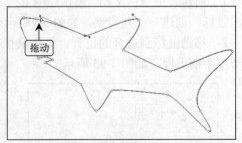

图 3-99　调整曲线曲度

10 按照相同方法调整其他贝塞尔节点，如图 3-100 所示。

11 切换到"椭圆"工具 ，在如图 3-101 所示的位置创建一个椭圆。

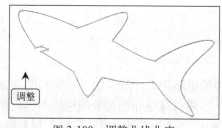

图 3-100 调整曲线曲度

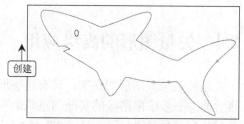

图 3-101 创建椭圆

12 切换到"指针"工具，选择闭合矢量对象，在"属性"面板的"填充"栏中单击"渐变填充"按钮，在打开的对话框中单击色带左下方的颜色滑块按钮，在弹出的颜色面板中选择如图 3-102 所示的颜色，同时渐变填充控制线出现。

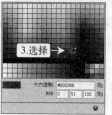

图 3-102 渐变填充

13 将鼠标指针移动到渐变填充控制线下方的控制端上，按住鼠标左键不放，往左上方拖动鼠标到适合的位置，如图 3-103 所示。

14 选择椭圆，在"填充"栏中单击"颜色填充"下拉按钮，在弹出的颜色面板中选择如图 3-104 所示的颜色。

15 选择闭合的矢量图形，单击"笔触"栏中的"笔触颜色"下拉按钮，在弹出的颜色面板中选择如图 3-105 所示的颜色，完成图形的绘制操作。

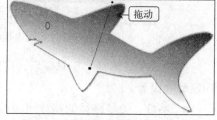

图 3-103 调整渐变填充的颜色分布

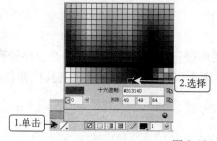

图 3-104 填充颜色

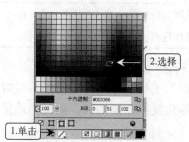

图 3-105 设置笔触颜色

3.4 矢量图形的高级应用

路径是矢量图形的框架，只有熟练地创建并编辑路径，才能获得各种满意的矢量图形效果。为进一步掌握路径的其他创建与编辑方法，下面将详细介绍矢量图形的高级应用，包括如何使用"矢量路径"工具、"自由变形"工具和"刀子"工具以及路径的扩展和收缩、"路径"面板的应用等内容。

3.4.1 使用矢量路径工具

使用"矢量路径"工具 可以快速绘制出需要的路径，绘制完成后 Fireworks 会自动生成路径点。其使用方法为：在"钢笔"工具 按钮上按住鼠标左键不放，在弹出的下拉列表中选择"矢量路径"工具 ，如图 3-106 所示，此时鼠标指针变为 形状，拖动鼠标即可绘制需要的路径。

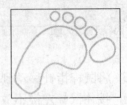

图 3-106   "矢量路径"工具的使用

选择"矢量路径"工具 后，可以在"属性"面板中设置该工具的参数，主要包括精度和笔触的设置。

- 精度：矢量路径的精度可以控制图形绘制时的精确度，数值越高，精度越高，但同时控制鼠标的难度也越大。
- 笔触：笔触主要包括笔触颜色、粗细、外观等属性，其设置方法与直线类似。

3.4.2 使用自由变形工具

使用"自由变形"工具 可以直接对矢量图形进行变形操作。在自由改变路径形状时，Fireworks 会自动移动、添加或删除路径上的点。下面以使用"自由变形"工具拉伸和推动"树叶 2"矢量图形为例介绍其使用方法。

上机实战　矢量图形的拉伸与推动

素材文件：第 3 章\素材\shuye2.png	效果文件：第 3 章\效果\shuye2.png
视频文件：视频\第 3 章\3-6.swf	操作重点："自由变形"工具的应用

1　在 Fireworks 中打开素材提供的"shuye2.png"文件。

2　选择文档中的树叶对象，单击"自由变形"工具 ，将鼠标指针移至对象左上方的路径处，在鼠标指针右下方出现"S"形状时，按住鼠标左键不放，向外拖动鼠标，此时对象被拉伸，如图 3-107 所示。

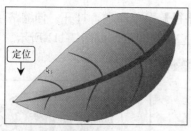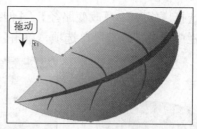

图 3-107　拉伸对象

3　将鼠标指针移至右下方路径的附近，在鼠标指针右下方出现空心圆圈时，按住鼠标左键不放拖动鼠标，会生成一个空心的红色圆圈，如图 3-108 所示。

图 3-108　生成空心红色圆圈

4　将空心的红色圆圈移至需要推动的路径上，拖动鼠标即可推动路径，如图 3-109 所示。

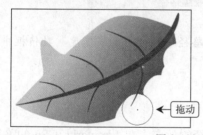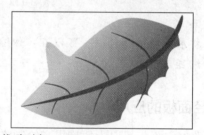

图 3-109　推动对象

3.4.3　使用刀子工具

使用"刀子"工具可以将一个路径切割成多个路径，被切割开的路径会自动生成相应的节点，其方法为：选择需要切割的路径对象，单击"刀子"工具按钮，鼠标指针变为形状，按住鼠标左键不放，拖动鼠标穿过需要切割的路径即可。切割路径后，退出选择状态，使用"指针"工具或"部分选定"工具，可以分开切割后的路径，如图 3-110 所示。

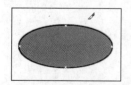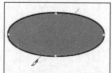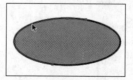

图 3-110　使用"刀子"工具切割对象

3.4.4　路径的扩展与收缩

Fireworks 允许对所选对象的路径进行扩展和收缩操作，其方法分别如下。

（1）扩展路径：扩展路径命令可将两个节点之间的路径长度进行扩展，其方法为：选择路径对象，选择【修改】/【改变路径】/【伸缩路径】菜单命名，打开"伸缩路径"对话框，在"方向"栏中选中"外部"单选项，单击 确定 按钮即可，如图 3-111 所示。

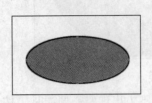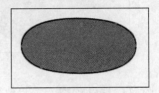

图 3-111　扩展路径

（2）收缩路径：收缩路径命令可将两个节点之间的路径长度进行收缩，其方法为：选择路径对象，选择【修改】/【改变路径】/【伸缩路径】菜单命名，打开"伸缩路径"对话框，在"方向"单选项中选中"内部"单选项，单击 确定 按钮即可，如图 3-112 所示。

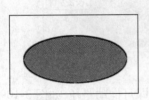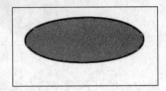

图 3-112　收缩路径

 在扩展和收缩路径时，可以在"伸缩路径"对话框的"宽度"数值框中精确控制伸缩距离。

3.4.5　路径面板的应用

应用"路径"面板可以大幅度提高绘制路径的效率。在 Fireworks CS6 的路径面板中增加了大量的路径编辑工具，如图 3-113 所示。使用这些工具可对路径进行合并、改变、编辑点以及选择点的操作。

1. 合并路径

"合并路径"按钮组中的命令可以对路径的整体形状进行编辑，它包含了结合、拆分、合并、相交、打孔、分割、排除、修剪以及裁剪路径按钮，如图 3-114 所示。

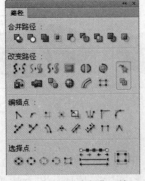

图 3-113　"路径"面板

图 3-114　合并路径按钮组

- ● 　（结合路径）按钮：选择多个路径对象，单击"结合路径"按钮，即可将多个路径对象结合成一个独立的路径对象，如图 3-115 所示。
- ● 　（拆分路径）按钮：选择结合的路径对象，单击"拆分路径"按钮，即可将结合的路径对象拆分成单个的路径对象。

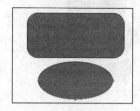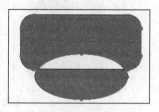

图 3-115　结合路径

- ● 　（合并路径）按钮：选择多个重叠的路径，单击"合并路径"按钮，即可将多个路径合并成一个路径，如图 3-116 所示。

图 3-116　合并路径

- ● 　（相交路径）按钮：选择多个重叠的路径对象，单击"相交路径"按钮，此时相交的路径对象只保留相交的部分，如图 3-117 所示。

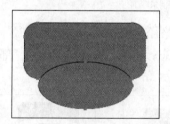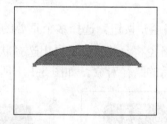

图 3-117　相交路径

- ● 　（打孔路径）按钮：选择多个重叠的路径对象，单击"结合路径"按钮，此时下层的多个对象将会作为打孔对象，对最上层与多个下层对象的重叠部分进行打孔，完成操作后所有对象将自动组合成一个对象，如图 3-118 所示。

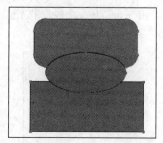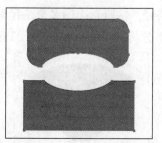

图 3-118　打孔路径

● ▣（分割路径）按钮：选择多个重叠的路径对象，单击"分割路径"按钮▣，此时多个路径的重叠部分将会被分割，使用"指针"工具或"部分选定"工具可移动分割的路径如图，3-119 所示。

图 3-119　分割路径

 在使用"分割路径"命令分割预设的矢量图形时，需要先对单个的矢量图形进行合并路径操作，才能对路径进行分割。

● ▣（排除路径）按钮：选择多个重叠的路径对象，单击"排除路径"按钮▣，此时多个对象路径的重叠部分将被排除。退出选择状态，使用"指针"工具后"部分选定"工具可移动排除后的路径对象，如图 3-120 所示。

图 3-120　排除路径

● ▣（修剪路径）按钮：选择多个重叠的路径对象，单击"修剪路径"按钮▣，此时重叠部分的路径将会被修剪。退出选择状态，使用"指针"工具后"部分选定"工具可移动修剪后的路径对象，如图 3-121 所示。

图 3-121　修剪路径

● ▣（裁剪路径）按钮：选择多个路径对象，单击"裁剪路径"按钮▣，此时路径对象未重叠的部分将被裁剪，如图 3-122 所示。

图 3-122　裁剪路径

2. 改变路径

"改变路径"按钮组中的命令可以用于更改对象的路径，它包含了简化路径、扩展笔触、将笔触转换为填充等多种命名按钮，如图 3-123 所示。

图 3-123　改变路径按钮组

- （简化路径）按钮：使用"简化路径"工具可以简化路径上的点，其方法为：选择路径对象，单击"简化路径"按钮，打开"简化路径"对话框，拖动"数量"下方的滑块可以设置简化点的数量，单击 确定 按钮即可，如图 3-124 所示。

图 3-124　简化路径

- （扩展笔触）按钮：使用"扩展笔触"工具可以将笔触进行扩展，其方法为：选择路径对象，单击"扩展笔触"按钮，打开"扩展笔触"对话框，在"宽度"文本框中可输入"1~100"的数字设置其宽度，单击 确定 按钮即可，如图 3-125 所示。

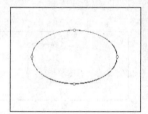  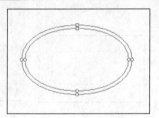

图 3-125　扩展笔触

- （将笔触转化为填充）按钮：使用"将笔触转化为填充"工具可以将笔触转化为填充颜色的笔触，其方法为：使用"部分选定"工具选择路径对象，单击"将笔触转化为填充"按钮，退出选择状态，在使用"指针"工具或"部分选定"工具，可以移动填充颜色，此时填充颜色将作为一个单独的路径对象，如图 3-126 所示。

图 3-126　将笔触转为填充

3. 编辑点

"编辑点"按钮组中的命令可以用于实现对路径上各节点的操作，它包含了平滑点、偏移点以及结合点等诸多命名按钮，如图 3-127 所示，下面将介绍部分按钮的使用方法。

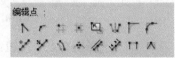

图 3-127　编辑点按钮组

- ☞(平滑点)按钮：使用"平滑点"工具可以将选择的点两边的曲线或直线进行平滑，其方法为：使用"部分选定"工具选择路径上的点，单击"平滑点"按钮☞，此时路径将被平滑，如图3-128所示。

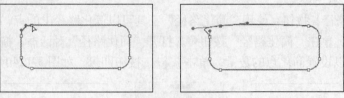

图3-128　平滑点

- ☜(偏移点)按钮：使用"偏移点"工具可以将选择的点进行偏移，其方法为：使用"部分选定"工具选择路径上的点，单击"偏移点"按钮☜，打开"偏移点"对话框，拖动"数量"栏下方的滑块即可偏移点的位置，如图3-129所示。

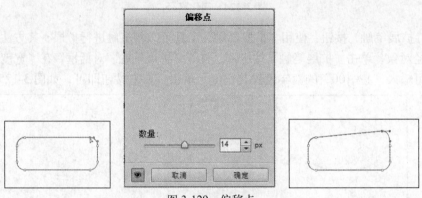

图3-129　偏移点

- ⊞(结合点)按钮：使用"结合点"工具，可以将没有结合的矢量图形结合成闭合的矢量图形，其方法为：选择没有闭合的矢量图形，使用"部分选定"工具按住【Shift】键不放，选择路径上需要结合的两个点，单击"结合点"按钮⊞，此时一条直线会将两个点连接起来，如图3-130所示。

4. 选择点

通过单击"选择点"按钮组中的命令可以实现多样化选择路径上点的操作，它包含了选择所有点、不选择任何点以及选择第一个点等按钮，如图3-131所示。

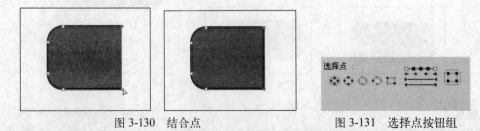

图3-130　结合点　　　　　　　　　　　图3-131　选择点按钮组

- ⊙(选择所有点)按钮：使用"部分选定"工具选择路径对象，单击"选择所有点"按钮⊙，可以选择路径上所有的点，如图3-132所示。

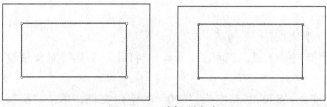

图 3-132 选择所有点

- ● ◎（不选择任何点）按钮：使用"指针"工具选择路径对象可以选择所有的点，单击"不选择任何点"按钮◎，可以取消选择所有的点，如图 3-133 所示。

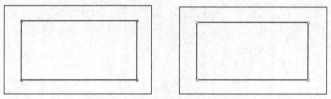

图 3-133 取消选择的所有点

- ● ◎（选择第一个点）按钮：使用"部分选定"工具选择路径对象，单击"选择第一个点"按钮◎，可选择开始绘制图形时的第一个点，如图 3-134 所示。

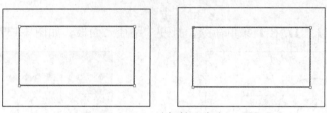

图 3-134 选择第一个点

3.5 课堂实训——创建产品 LOGO 矢量图形

下面将通过课堂实训综合练习预设矢量图形的创建、使用"钢笔"工具绘制包含直线和曲线的闭合矢量图形以及矢量图形的编辑等操作，本实训的效果如图 3-135 所示。

素材文件：无	效果文件：效果\第 3 章\Logo.fw.png
视频文件：视频\第 3 章\3-7-1.swf、3-7-2.swf…	操作重点：矢量图形的创建、绘制以及编辑操作

图 3-135 效果图

🐭 **具体操作**

（1）创建 LOGO 形象图形

下面首先使用"椭圆"工具、"钢笔"工具、"打孔"工具等对象创建 LOGO 形象图形，其具体操作如下。

1 新建一个宽度为"800"、高度为"600"的空白文档，单击"椭圆"工具按钮 ，按住【Shift】键不放，在画布中拖动鼠标创建一个正圆，利用"属性"面板将宽度和高度都设置为"90"，如图 3-136 所示。

2 按相同方法再创建一个宽度和高度为"40"的正圆，如图 3-137 所示。

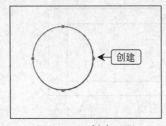

图 3-136 创建正圆

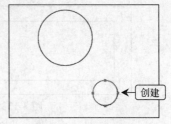

图 3-137 创建正圆

3 将第 2 个正圆拖动到第 1 个正圆之中，利用智能辅助线的对齐功能将其按中心对齐，如图 3-138 所示。

4 选择【窗口】/【路径】菜单命令，打开"路径"面板，如图 3-139 所示。

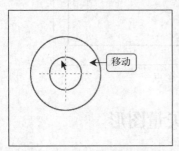

图 3-138 拖动并对齐对象

图 3-139 打开"路径"面板

5 使用"部分选定"工具 框选这两个对象，在"路径"面板的"合并路径"按钮组中单击"打孔路径"按钮 ，此时下层正圆将会作为打孔对象，对上层正圆和下层正圆的重叠部分进行打孔，如图 3-140 所示。

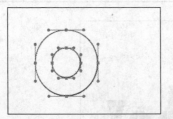

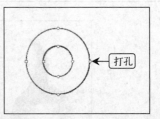

图 3-140 打孔对象

6 切换到"钢笔"工具 ，在画布的空白处单击鼠标创建一个角节点，如图 3-141 所示。

7 移动鼠标至适合的位置，按住鼠标左键不放并拖动鼠标，创建一个贝塞尔节点，如图 3-142 所示。

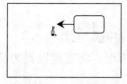

图 3-141　创建角节点

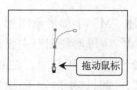

图 3-142　创建贝塞尔节点

8　释放鼠标，将鼠标指针移至适合位置再单击鼠标，创建一个角节点，如图 3-143 所示。

9　按相同方法继续创建一个角节点，如图 3-144 所示。

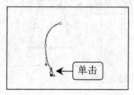

图 3-143　创建角节点

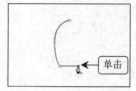

图 3-144　创建角节点

10　移动鼠标到起点的位置，按住鼠标左键不放并拖动鼠标，此时起点位置的角节点将变为贝塞尔节点，同时完成图形的绘制操作，如图 3-145 所示。

11　切换到"部分选定"工具 ，退出绘制状态，同时对象处于选择状态。

12　将鼠标指针移至起始节点上，单击鼠标，节点手柄出现，如图 3-146 所示。

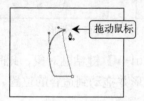

图 3-145　更改节点并闭合图形

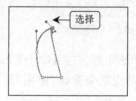

图 3-146　节点手柄

13　移动鼠标指针至节点手柄上方的控制点上，按住鼠标左键不放，拖动鼠标，将节点下方的曲线调整到适合的曲度，如图 3-147 所示。

14　拖动对象到打孔对象上侧适合的位置，如图 3-148 所示。

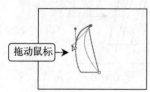

图 3-147　调整曲线曲度

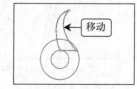

图 3-148　移动对象

15　切换到"指针"工具 ，框选这两个对象，单击"合并路径"按钮组中的"合并路径"按钮 ，合并对象路径如图 3-149 所示。

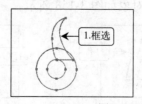

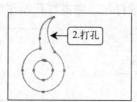

图 3-149　合并路径

（2）创建"M"字母形象图形

创建"M"字母形象图形主要是用到"矩形"工具和"打孔"工具。

1 选择"矩形"工具，在画布的空白处，创建一个矩形，将宽度设置为"70"、高度设置为"80"，同时该矩形处于选择状态，如图 3-150 所示。

2 单击"倾斜"工具按钮，将鼠标指针移至对象左上角的控制点上，按住鼠标左键不放，向右拖动鼠标到适合位置，如图 3-151 所示。

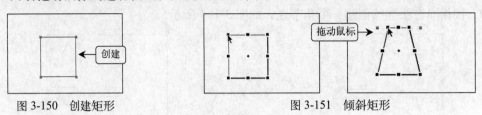

图 3-150　创建矩形　　　　　　　　　　　图 3-151　倾斜矩形

3 按照相同方法再创建一个矩形，设置宽度为"8"、高度为"100"，如图 3-152 所示。

4 单击"倾斜"工具按钮，将对象整体倾斜到适合的位置，如图 3-153 所示。

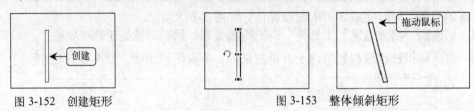

图 3-152　创建矩形　　　　　　　　　　　图 3-153　整体倾斜矩形

5 选择该矩形，按【Ctrl+C】键复制矩形，再按【Ctrl+V】键粘贴对象，此时复制的矩形将会与源对象完全重叠，使用"部分选定"工具选择矩形并拖动到适合的位置，如图 3-154 所示。

6 使用"部分选定"工具，拖动复制粘贴的两个矩形到第一个矩形适合的位置上，如图 3-155 所示。

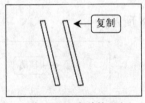 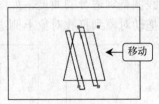

图 3-154　复制矩形　　　　　　　　　　　图 3-155　移动矩形

7 使用"指针"工具框选这 3 个矩形，如图 3-156 所示。

8 单击"合并路径"栏中的"打孔路径"按钮，此时最下层矩形将会作为打孔对象，对上层矩形和最下层矩形的重叠部分进行打孔，如图 3-157 所示。

9 按相同方法继续打孔，完成打孔操作后对象如图 3-158 所示。

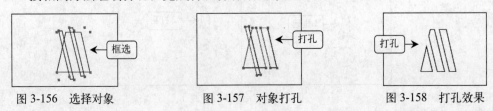

图 3-156　选择对象　　　　　　图 3-157　对象打孔　　　　　　图 3-158　打孔效果

（3）创建"-box"形象图形

下面利用"矩形"工具、"椭圆"工具、"多边形"工具、"刀子"工具以及"结合点"工具等创建"-box"形象图形。

1 切换到"矩形"工具 ▣，在画布的空白处创建一个矩形，设置宽度为"35"、高度为"10"，如图 3-159 所示。

2 按照相同方法再创建一个宽为"10"、高为"90"的矩形，如图 3-160 所示。

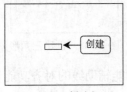
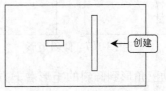

图 3-159　创建矩形　　　　　　　　　　图 3-160　创建矩形

3 切换到"椭圆"工具 ◯，在画布的空白处创建一个椭圆，设置宽度为"35"、高度为"55"，如图 3-161 所示。

4 选择该椭圆，单击"刀子"工具按钮 ✏，在适合位置对椭圆路径进行切割，如图 3-162 所示。

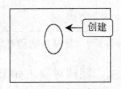
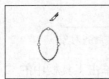

图 3-161　创建椭圆　　　　　　　　　　图 3-162　切割椭圆

5 退出选择状态，使用"部分选定"工具 ▸，将切割的椭圆路径分开，如图 3-163 所示。

6 选择分开的左边路径，按住【Shift】键不放，选择路径上下的两个路径点，单击"编辑点"栏中的"结合点"按钮 ▣，将两个点结合起来，呈现一个半圆形状，如图 3-164 所示。

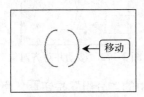
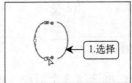
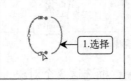
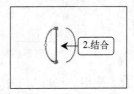

图 3-163　分开路径　　　　　　　　　　图 3-164　结合路径

7 按相同方法结合右方的路径，同时用复制粘贴法，复制粘贴该路径，并使用"部分选定"工具 ▸，将其分开，如图 3-165 所示。

8 切换到"矩形"工具 ▣，创建一个矩形，设置宽度为"10"、高度为"70"，如图 3-166 所示。

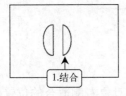
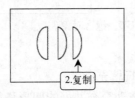
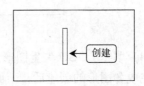

图 3-165　结合节点并复制图形　　　　　　图 3-166　创建矩形

9 选择该矩形，单击"倾斜"工具按钮，拖动矩形上方中间的控制点，倾斜矩形到适合的位置，如图 3-167 所示。

10 切换到"多边形"工具，按住【Shift】键不放创建一个垂直的三角形，利用"属性"面板将边数设置为"3"、宽度设置为"15"、高度设置为"30"，如图 3-168 所示。

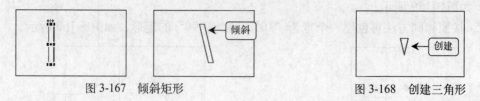

图 3-167 倾斜矩形　　　　　　　　　　　　图 3-168 创建三角形

11 拖动三角形到倾斜的矩形右上方适合的位置，并利用智能辅助线的对齐功能将其水平对齐，如图 3-169 所示。

12 使用复制粘贴方法，复制粘贴该三角形，并使用"部分选定"工具将其分开，如图 3-170 所示。

图 3-169 移动并对齐对象　　　　　　　　　图 3-170 复制并拖动对象

13 选择复制的三角形，单击工具栏中的"垂直翻转"按钮，翻转对象，如图 3-171 所示。

14 拖动该三角形到倾斜的矩形左下方适合的位置，并利用智能辅助线的对齐功能将其水平对齐，如图 3-172 所示。

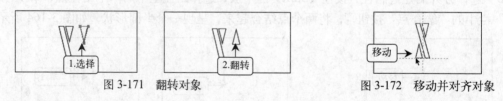

图 3-171 翻转对象　　　　　　　　　　　　图 3-172 移动并对齐对象

15 使用"指针"工具，框选这 3 个对象，单击工具栏中的"分组"按钮，将其组合成一个对象，如图 3-173 所示。

图 3-173 组合对象

(4) 填充 LOGO 矢量图形

完成各图形的创建后，下面将对其进行填充设置。

1 选择"M"字母形象图形，将其拖动至合并好的圆形路径对象右侧适合的位置处，并利用智能辅助线的对齐功能将其水平对齐，如图 3-174 所示。

2　按照相同方法分别拖动并水平对齐其余对象，如图 3-175 所示。

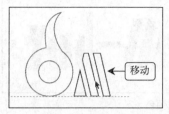
图 3-174　移动并对齐对象

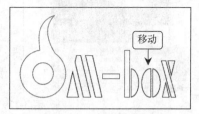
图 3-175　对齐所有对象

3　使用"指针"工具 ，框选所有对象，单击工具栏中"分组"按钮 ，将其组合成一个对象，如图 3-176 所示。

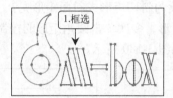
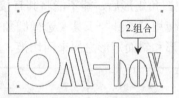
图 3-176　组合所有对象

4　在"属性"面板的"填充颜色"栏中单击"渐变填充"按钮 ，在弹出的面板中单击色带左下方的颜色滑块按钮 ，在弹出的颜色面板中选择如图 3-177 所示的颜色。

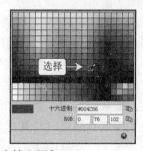
图 3-177　设置对象上方渐变填充颜色

5　单击色带右下方的颜色滑块按钮 ，在弹出的颜色面板中选择如图 3-178 所示的颜色。

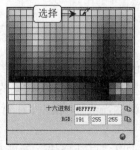
图 3-178　设置对象下方渐变填充颜色

6　单击"笔触"栏中的"笔触"颜色下拉按钮 ，在弹出的颜色面板中选择如图 3-179 所示的颜色，完成产品 LOGO 矢量图形的创建。

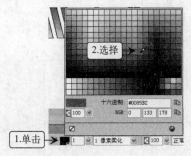

图 3-179 设置笔触颜色

3.6 疑难解答

1. 问：创建圆角矩形后，能不能将其直接改为斜切矩形或斜面矩形呢？

答：可以。使用"指针"工具 选择圆角矩形，多次单击圆角矩形的控制点，可以在圆角矩形、斜切矩形和斜面矩形之间来回切换，如图 3-180 所示。

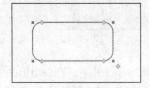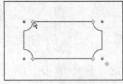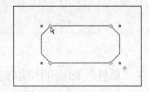

图 3-180 转换矩形类型

2. 问：什么是智能多边形？怎样创建和编辑智能多边形？

答：智能多边形是拥有 3~25 条边的多边形，通过编辑该对象，还可以创建多边形环，甚至能进行拆分。创建方法为：在"矩形"工具按钮 上按住鼠标左键不放，在弹出的下拉列表中选择"智能多边形"工具 ，按照创建矩形的方法拖动鼠标即可创建智能多边形。通过拖动它的边数、缩放与旋转、删除和添加等控制点，可以对其进行编辑操作；按住【Alt】键不放，拖动边数控制点还可以将其拆分，如图 3-181 所示。

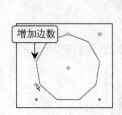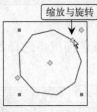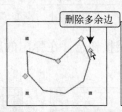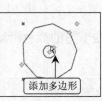

图 3-181 编辑智能多边形

3. 问：已经创建好的一条直线或曲线，能不能给它添加箭头效果呢？

答：可以。选择需要添加箭头效果的直线或曲线，选择【命令】/【创意】/【添加箭头】菜单命令，打开"添加箭头"对话框，在对话框中便可以设置直线或曲线箭头效果，如图 3-182 所示。

4. 问：怎样使用"自动形状"面板？

答："自动形状"面板中预设了大量的自动形状矢量图形，在默认情况下"自动形状"面板是关闭的。想要使用里面预设的矢量图形，首先选择【窗口】/【自动形状】菜单命令打开面板，再在面板中选择需要的图形，按住鼠标左键不放，拖动鼠标到编辑区，即可创建选择的图形。

  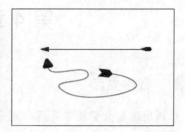

图 3-182　添加箭头效果

3.7　课后练习

1. 创建一个斜面矩形，将高度和宽度分别设置为"150"和"100"，填充颜色设置为编码蓝色，颜色编码为"#72FFFF"，将"渐变填充"设置为圆锥形，并保存为"xiemian.png"文档（效果\第 3 章\课后练习\xiemian.png），如图 3-183 所示。

2. 应用"自动形状"面板创建"齿轮"矢量图形，使用"切割"工具将其切割，再使用"结合点"工具将切割开的部分结合成闭合的矢量图形（效果\第 3 章\课后练习\chilun.png），如图 3-184 所示。

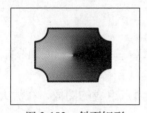 

图 3-183　斜面矩形　　　　　　　　　图 3-184　切割并结合切割点

3. 使用预设的矢量图形和"钢笔"工具绘制"太阳"矢量图形，并自定义填充颜色，把该文档保存为"taiyang.png"文档（效果\第 3 章\课后练习\taiyang.png），如图 3-185 所示。

4. 使用预设的矢量图形设计一款 MP3（素材\第 3 章\课后练习\mp3.jpg）并将文档保存为"mp3.png"文档（效果\第 3 章\课后练习\mp3.png），如图 3-186 所示。

提示： 首先使用"圆角矩形"工具创建机身，然后使用"椭圆"工具创建正圆键盘，再使用"矩形"工具和"多边形"工具创建按钮组，最后使用"矩形"工具创建显示屏。

图 3-185　"太阳"矢量图形　　　　　　　图 3-186　"mp.3"矢量图形

第4章 位图图像处理

教学要点

位图图像和矢量图像是两个完全不同的概念，它们的主要区别在于组成原理的不同，位图由像素组成，矢量图由点和线组成。本章将重点介绍位图图像的处理，包括位图图像的概述、选区工具应用、位图工具的应用以及位图的编辑与处理等内容。通过本章的学习，可以掌握位图工具以及位图编辑与处理的各种方法，从而更好地进行网页位图图像的编辑与处理工作。

学习重点与难点

➢ 了解位图图像的特点
➢ 熟悉并掌握选区工具和位图工具的使用方法
➢ 掌握位图的编辑与处理方法
➢ 掌握选区的编辑和位图的处理

4.1 位图图像概述

位图图像在网页中是另一种常见的元素，使用 Fireworks 编辑和处理位图图像不仅方便，而且更为快速，从而节省了网页位图图像处理的时间。

（1）位图图像的特点：位图是由许多排列成网格的像素点组成的图像，在放大或缩小位图图像时，图像的分辨率会发生变化，如图 4-1 所示。

（2）位图图像的像素：位图像素的位置和颜色值决定了图像内容，在编辑位图时修改的是像素，而非线条和点。放大位图图像时，像素将在网格中重新进行分布，其图像周边将呈现出锯齿状，如图 4-2 所示。

图 4-1　放大后分辨率的变化　　　　　　　　　图 4-2　锯齿状图像的呈现

（3）位图图像的选区：位图图像的选区是指要编辑图像的某一部分，使用选区工具选取要编辑的那部分区域。它不只是作用于某个图像或图层，还可作用于整个文档。

4.2 选区工具的应用

Fireworks 在位图图像的选区中提供了多种选择工具，包括"选取框"、"椭圆选取框"、

"套索"、"多边形套索"以及"魔术棒"工具等，熟练的掌握这些工具的使用方法，可以更加快速地选择位图图像的编辑区域。

4.2.1 选取框工具

使用"选取框"工具▣可以选择需要编辑的位图区域，同时被选择的区域呈闪烁虚线框显示。使用方法为：单击"选取框"工具按钮▣，将鼠标指针移至需要选取的位图区域上，按住鼠标左键不放并拖动鼠标，此时会出现一个虚线形状的矩形框，矩形框的大小决定了所选区域的大小。使用"指针"工具，可以将所选区域从位图上分离出来，如图 4-3 所示。

图 4-3 使用"选取框"工具选择区域

4.2.2 椭圆选取框工具

使用"椭圆选取框"工具◯也可以选择需要编辑的位图区域，同时被选择的区域呈椭圆形状。使用方法为：在"选取框"工具按钮▣上按住鼠标左键不放，在弹出的下拉列表中选择"椭圆选取框"工具◯；将鼠标指针移至需要选取的位图区域上，按住鼠标左键不放并拖动鼠标，此时会出现一个虚线形状的椭圆框，椭圆框的大小决定了所选区域的大小。使用"指针"工具，可以将所选区域从位图上分离出来，如图 4-4 所示。

图 4-4 使用"椭圆选取框"工具选择区域

4.2.3 套索工具

使用"套索"工具◯可以绘制出需要选择的编辑区域形状，该形状中的区域是被选择的区域。使用方法为：单击"套索"工具按钮◯，此时鼠标指针变为◯形状，将鼠标指针移至位图图像上，按住鼠标左键不放并拖动鼠标，绘制出需要选择的区域形状，释放鼠标即可选择该区域。使用"指针"工具，可以将所选区域从位图上分离出来，如图 4-5 所示。

图 4-5 使用"套索"工具选择区域

4.2.4 多边形套索工具

使用"多边形套索"工具 可以绘制出多边形的编辑区域形状，该形状中的区域是被选择的区域。下面以使用"多边形套索"工具选择位图图像编辑区域为例，介绍该工具的使用方法。

上机实战 "多边形套索"工具的应用

素材文件：素材\第 4 章\hua.jpg	效果文件：效果\第 4 章\hua.png
视频文件：视频\第 4 章\4-1.swf	操作重点：使用"多边形套索"工具

1 新建一个空白文档，并导入素材提供的"hua.jpg"文件。

2 在"套索"工具 上按住鼠标左键不放，在弹出的下拉列表中选择"多边形套索"工具 ，此时鼠标指针变为" " 形状。

3 将鼠标指针移至导入的素材文件上，单击鼠标确认选取起点，移动鼠标到下一个位置再次单击鼠标，此时将会出现一条蓝色的直线，如图 4-6 所示。

图 4-6 绘制多边形选择区域

4 按照相同方法继续单击并移动鼠标到适合的位置，如图 4-7 所示。

5 双击鼠标左键，此时蓝色的直线将变为闪烁的直线，同时闪烁的直线将自动组成多边形形状，多边形里的区域则是被选择的区域，如图 4-8 所示。

图 4-7 完成绘制　　　　　　　　　　图 4-8 选择绘制的区域

6 切换到"指针"工具，即可将选择的区域从位图图像中分离出来，如图 4-9 所示。

图 4-9 分离选择区域

4.2.5 魔术棒工具

使用"魔术棒"工具 ![] 可以选择颜色相同的需要编辑的区域,其使用方法为:单击"魔术棒"工具按钮 ![] ,此时鼠标指针变为"✎"形状,将鼠标指针移至需要选取的位图区域上单击鼠标,此时颜色相同的区域将被选择。使用"指针"工具,可以将所选择区域从位图上分离出来,如图 4-10 所示。

图 4-10 使用"魔术棒"工具选择区域

4.3 位图工具的应用

Fireworks 在位图图像的选区中除了提供了多种选择工具外,还提供了多种编辑工具,包括"刷子"工具、"铅笔"工具、"橡皮擦"工具、"模糊"工具以及"橡皮图章"工具等。

4.3.1 刷子工具

使用"刷子"工具 ![] 可以绘制出简单的位图图像和各种样式的线条,其使用方法为:单击"刷子"工具按钮 ![] ,此时鼠标指针将变为"○"形状,按住鼠标左键不放并拖动鼠标,即可在画布中绘制位图图像或各种样式的线条。在"属性"面板中,可以设置"刷子"工具的笔触大小和笔触颜色,如图 4-11 所示。

图 4-11 "刷子"工具的笔触设置

4.3.2 铅笔工具

使用"铅笔"工具 ![] 可以绘制出简单的单像素位图图像,其使用方法为:单击"铅笔"工具按钮 ![] ,此时鼠标指针将变为"✎"形状,按住鼠标左键不放并拖动鼠标,即可在画布中绘制出单像素的位图图像。在"属性"面板中,可以设置"铅笔"工具的笔触颜色。

4.3.3 橡皮擦工具

使用"铅笔"工具 ![] 可以擦除位图图像中多余的部分,其使用方法为:单击"橡皮擦"工具按钮 ![] ,此时鼠标指针将变为"○"形状,移动鼠标指针到需要擦除的图像位置上,按住鼠标左键不放并拖动鼠标,即可擦除多余的图像,如图 4-12 所示。在"属性"面板中,可以设置"橡皮擦"工具的形状大小、笔尖大小以及"橡皮擦"的形状。

图 4-12　擦除多余图像

4.4　位图的编辑与处理

　　对象的基本编辑操作，在位图图像中同样适用。下面将详细介绍选区的编辑和位图的处理，包括羽化选区、将选区转化为路径、扩展、收缩和平滑选区、裁剪位图、模糊与锐化位图、减淡与加深位图、橡皮图章、颜色替换以及消除红眼等，熟练掌握这些编辑与处理方法，可以使网页位图图像的设计更富新意。

4.4.1　选区的编辑

　　使用选区工具选择好区域后，可以对其进行编辑操作，下面将分别介绍羽化选区、将选区转化为路径以及扩展、收缩和平滑选区等操作。

1. 羽化选区

　　羽化选区可以将选区周围的图像变得模糊，使其周边的图像像素和选区图像像素更加融合。下面以羽化"honghua.jpg"图像文件为例，介绍羽化选择的图像区域的方法。

上机实战　选区的羽化

素材文件：素材\第 4 章\honghua.jpg	效果文件：效果/第 4 章/honghua.png
视频文件：视频\第 4 章\4-2.swf	操作重点：羽化选区

　　1　新建一个空白文档，并导入素材提供的"honghua.jpg"文件。

　　2　在"选取框"工具□上按住鼠标左键不放，在弹出的下拉列表中选择"椭圆选取框"工具□。

　　3　单击"属性"面板"边缘"文本框右侧的"选区边缘"下拉按钮，在弹出的下拉列表中选择"羽化"选项，如图 4-13 所示。

图 4-13　选择"羽化"命令

　　4　在导入的素材文件上按住鼠标左键不放，拖动鼠标指针到适合的位置选择羽化区域，如图 4-14 所示。

　　5　选择【选择】/【羽化】菜单命令，打开的"羽化所选"对话框，在"半径"文本框中输入"50"，单击 确定 按钮，如图 4-15 所示。

图 4-14　选择羽化区域

图 4-15　输入羽化半径数

　在"羽化所选"对话框的"半径"文本框中，所输入的数字表示被羽化像素的半径大小。

6　选择【选择】/【反选】菜单命令，此时选区将变为如图 4-16 所示的效果。

7　按【Delete】键，即可看见选区被羽化后的效果，如图 4-17 所示。

图 4-16　反选羽化选区

图 4-17　羽化效果

2. 将选区转换成路径

在使用选区工具选择区域后，Fireworks 允许将选择的区域形状转换成路径，其方法为：首先使用任意选区工具选择区域，再选择【选择】/【将选区转换成路径】菜单命令即可，使用"指针"工具或"部分选定"工具可以移动转换成的路径，如图 4-18 所示。

图 4-18　将选区转换成路径

3. 扩展、收缩和平滑选区

完成区域的选择后，如果对所选区域的大小不是很满意，这时就可以通过使用"扩展"、"收缩"和"平滑"选区命令对选区的大小进行编辑，其编辑方法分别如下。

（1）扩展选区：选择区域，再选择【选择】/【扩展选取框】菜单命令，打开"扩展选区"对话框，在"扩展范围"右侧的文本框中输入相应的数字，单击 确定 按钮即可，如图 4-19 所示。

图 4-19　扩展选区

（2）收缩选区：选择区域，再选择【选择】/【收缩选取框】菜单命令，打开"收缩选区"对话框，在"收缩范围"右侧的文本框中输入相应的数字，单击 确定 按钮即可，如图 4-20 所示。

图 4-20　收缩选区

（3）平滑选区：选择区域，再选择【选择】/【平滑选取框】菜单命令，打开"平滑选区"对话框，在"平滑范围"右侧的文本框中输入相应的数字，单击 确定 按钮即可，如图 4-21 所示。

图 4-21　平滑选区

4.4.2　位图的处理

Fireworks 提供了多种位图图像处理工具，熟练掌握这些工具的使用方法，可以大量节省处理位图图像的时间，下面将分别介绍"裁剪"、"模糊与锐化"、"减淡与加深"位图以及"橡皮图章"、"替换颜色"和"消除红眼"等工具的使用方法。

1. 裁剪位图

使用"裁剪"工具可以裁剪出位图图像中某个需要的部分，其方法为：选择位图对象，单击"裁剪"工具按钮 ，此时鼠标指针变为" "形状，在位图对象上按住鼠标左键不放，拖动鼠标到适合的位置，同时出现带有控制点的矩形框，双击鼠标左键或按【Enter】键，即可将矩形框内的图像裁剪出来，如图 4-22 所示。

图 4-22　裁剪对象

2. 模糊与锐化位图

使用"模糊"和"锐化"工具可以对位图图像进行模糊与锐化操作，其方法分别如下。

（1）模糊位图：单击"模糊"工具按钮，将鼠标指针移至需要模糊的位图图像位置上，按住鼠标左键不放，任意拖动鼠标即可模糊位图，如图 4-23 所示。

图 4-23　模糊对象

（2）锐化位图：在"模糊"工具上按住鼠标左键不放，在弹出的下拉列表中选择"锐化"工具，将鼠标指针移至需要锐化的位图图像位置上，按住鼠标左键不放，拖动鼠标即可锐化位图，如图 4-24 所示。

图 4-24　锐化对象

 在选择"模糊"工具或"锐化"工具后，可以在"属性"面板中设置它们的刷子大小、形状、边缘的柔化度以及模糊和锐化的强度，如图 4-25 所示。

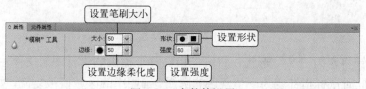

图 4-25　参数的设置

3. 减淡与加深位图

使用"减淡"和"加深"工具可以对位图图像的颜色进行减淡和加深操作，其方法分别如下。

（1）减淡位图：在"模糊"工具上按住鼠标左键不放，在弹出的下拉列表中选择"减淡"工具，将鼠标指针移至需要减淡颜色的位图图像位置上，按住鼠标左键不放，任意拖动鼠标即可减淡位图图像的颜色，如图 4-26 所示。

图 4-26　减淡对象颜色

(2) 加深位图：在"模糊"工具 上按住鼠标左键不放，在弹出的下拉列表中选择"加深"工具 ，将鼠标指针移至需要加深颜色的位图图像位置上，按住鼠标左键不放，任意拖动鼠标即可加深位图图像的颜色，如图 4-27 所示。

图 4-27　加深对象颜色

4. 橡皮图章

使用"橡皮图章"工具可以将位图图像的某个区域复制或克隆到另一个区域中，下面以使用"橡皮图章"工具复制一个区域到另一区域为，例介绍"橡皮图章"工具的使用方法。

上机实战　使用"橡皮图章"工具复制区域

素材文件：素材\第 4 章\pangxie.jpg	效果文件：效果/第 4 章/pangxie.png
视频文件：视频\第 4 章\4-3.swf	操作重点："橡皮图章"工具的使用

1　新建一个空白文档，并导入素材提供的"pangxie.jpg"文件。

2　单击"橡皮图章"工具按钮 ，利用"属性"面板设置图章大小为"80"，边缘柔化为"100"，如图 4-28 所示。

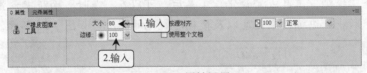

图 4-28　属性设置

3　鼠标指针将变为"◇"形状，将鼠标指针移至提供的素材图像文件右方适合的位置上，单击鼠标，此时鼠标指针变为一个蓝色的圆圈，圆圈中的区域便被复制，如图 4-29 所示。

图 4-29　复制区域

4　移动颜色圆圈到图像左方适合位置，单击鼠标，复制的区域被粘贴到左方的区域中，如图 4-30 所示。

图 4-30　复制区域

5. 替换颜色

使用"替换颜色"工具可以将图像上原有的颜色替换成需要的颜色，其方法为：在"橡皮图章"工具 上按住鼠标左键不放，在弹出的下拉菜单中选择"替换颜色"工具 ，此时鼠标指针变为"○"形状，利用"属性"面板设置需要替换的颜色，将鼠标指针移至需要替换颜色的区域，按住鼠标左键不放，拖动鼠标即可，如图 4-31 所示。

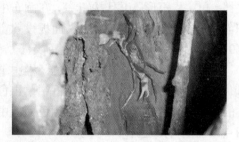

图 4-31　替换对象颜色

6. 消除红眼

在照片中，人物或动物的眼睛时常会出现红眼的情况，这时就可以使用"红眼消除"工具对其进行消除，其方法为：在"橡皮图章"工具 上按住鼠标左键不放，在弹出的下拉菜单中选择"红眼消除"工具 ，移动鼠标指针到需要消除红眼的位置，按住鼠标左键不放，拖动鼠标，此时出现一个蓝色的矩形框，释放鼠标，矩形框中的红眼即可被消除，如图 4-32 所示。

图 4-32　消除红眼

 在选择"红眼消除"工具 后，可以在"属性"面板中设置消除红眼区域像素的"容差"值和消除红眼的"强度"大小。

4.5　课堂实训——"茶道"文化海报的设计

下面通过课堂实训综合练习选区工具的使用、选区的编辑以及位图的处理等多个操作，本实训的效果如图 4-33 所示。

素材文件：素材\第 4 章\wenzi.png、cha.jpg…	效果文件：效果\第 4 章\chawenhua.fw.png
视频文件：视频\第 4 章\4-4-1.swf、4-4-2.swf	操作重点：选区的编辑与位图的处理

🖱 **具体操作**

（1）创建海报背景效果图形

使用"矩形"工具、"渐变填充"工具、创建海报背景效果图形。

1 新建一个宽度为"600"、高度为"400"的空白文档，单击"矩形"工具按钮▣，在画布中拖动鼠标创建一个矩形，利用"属性"面板设置宽度为"560"、高度为"380"，如图4-34所示。

2 在"属性"面板的"填充颜色"栏中单击"渐变填充"按钮▣，在打开的对话框中单击色带左下方的颜色滑块按钮▣，在弹出的颜色面板中选择如图4-35所示的颜色。

3 单击色带右下方的颜色滑块按钮▣，在弹出的颜色面板中选择如图4-36所示的颜色。

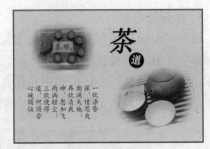

图4-33 效果图

图4-34 创建矩形

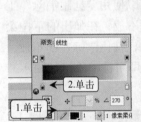

图4-35 设置对象上方渐变填充颜色

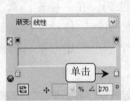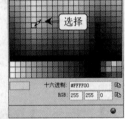

图4-36 设置对象下方渐变填充颜色

4 将鼠标指针移至渐变填充控制线上方的控制端上，按住鼠标左键不放，向下拖动整条控制线到适合的位置，如图4-37所示。

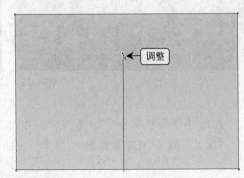

图4-37 拖动控制线

（2）导入并编辑、处理素材文件

编辑和处理素材文件主要使用"羽化"命令、"模糊"以及"替换颜色"工具。

1 导入素材提供的"cha.jpg"文件对象，单击"倾斜"工具按钮▨，将素材文件对象整体倾斜到适合的位置，如图4-38所示。

2 选择导入的素材文件，单击"套索"工具按钮▨，将鼠标指针移到需要羽化的图像区域，按住鼠标左键不放，拖动鼠标选择区域，如图4-39所示。

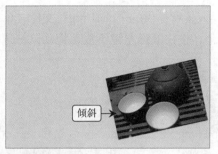

图 4-38　倾斜对象

3　选择【选择】/【羽化】菜单命令，打开"羽化所选"对话框，在对话框的"半径"文本框中输入"20"，单击 [确定] 按钮，如图 4-40 所示。

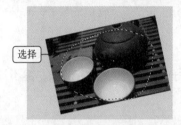

图 4-39　选择区域　　　　　　　　　　　　　　图 4-40　设置羽化半径

4　选择【选择】/【反选】菜单命令，按【Delete】键，羽化所选区域，如图 3-41 所示。

5　在"模糊"工具 上按住鼠标左键不放，在弹出的下拉列表中选择"减淡"工具 ，利用"属性"面板设置"刷子尖端大小"为"30"，将鼠标指针移至素材对象上，按住鼠标左键不放并拖动鼠标，完成对象的颜色减淡，如图 4-42 所示。

图 4-41　羽化选区　　　　　　　　　　　　　　图 4-42　减淡选区颜色

6　在"橡皮图章"工具 上按住鼠标左键不放，在弹出的下拉列表中选择"替换颜色"工具 ，利用"属性"面板设置"刷子尖端大小"为"30"、容差为"100"、强度为"200"，并单击"终止"颜色按钮 ，在弹出的颜色面板中选择如图 4-43 所示的颜色。

7　将鼠标指针移至素材对象上，按住鼠标左键不放并拖动鼠标，完成颜色的替换，如图 4-44 所示。

图 4-43　选择颜色　　　　　　　　图 4-44　替换选区颜色

8 导入素材提供的 "cha1.jpg" 文件，单击 "套索" 工具按钮 🔎，将鼠标指针移至新导入的素材上，按住鼠标左键不放，拖动鼠标选择区域，如图 4-45 所示。

图 4-45 导入并选择区域

9 按照相同的方法羽化所选区域，如图 4-46 所示。

10 切换到 "模糊" 工具 🖊，将鼠标指针移至羽化好的选区上，按住鼠标左键不放，拖动鼠标，完成选区的模糊处理，如图 4-47 所示。

  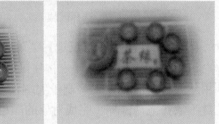

图 4-46 羽化选区　　　　　　　　　　　　图 4-47 模糊选区

11 打开素材提供的 "wenzi.png" 文件，并使复制该文件，如图 4-48 所示。

12 切换到 "茶道" 海报编辑窗口，粘贴复制的文件对象，如图 4-49 所示。

13 使用 "指针" 工具 ▶，移动对象到适合的位置，完成 "茶道" 文化海报的设计，如图 4-50 所示。

图 4-48 打开并复制素材文件

图 4-49 粘贴文件　　　　　　　　　　　　图 4-50 移动对象

4.6　疑难解答

1. 问：使用"指针"工具和"部分选定"工具拖动选择好的位图区域，有什么不一样的效果？

答：使用"指针"工具 拖动选择的区域，可以将选择区域从图像中分离出来，类似于裁剪的作用；使用"部分选定"工具 拖动选择的区域，也可以将区域分离出来，但效果类似于复制的效果，而且选择的区域将保持不动，如图 4-51 所示。

图 4-51　使用"部分选定"工具拖动选择区域

2. 问：矢量图形可以转化为位图图像吗？

答：可以。选择需要转化为位图的矢量图形，选择【修改】/【平面化所选】菜单命令，即可将所选矢量图形转化为位图图像，如图 4-52 所示。需要注意的是，Fireworks 只允许将矢量图形转化为位图图像，而不能将位图图像转化为矢量图形。

图 4-52　矢量图形转化为位图图像

3. 问：Fireworks 通过的"涂抹"工具有什么作用呢？

答：使用"涂抹"工具可以拾取颜色并可以在拖动的方向上推动该颜色，其使用方法为：使用选区工具选择好区域，在"模糊"工具 上按住鼠标左键不放，在弹出的下拉菜单中选择"涂抹"工具 ，将鼠标指针移至选择的区域上，按住鼠标左键不放，拖动鼠标即可，如图 4-53 所示。

图 4-53　涂抹选区

4.7 课后练习

1. 导入素材提供的"yu.jpg"文件（素材\第 4 章\课后习题\yu.jpg），使用"椭圆选取框"工具选择选区，并将选区羽化，同时保存文件为"yu.png"文档（效果\第 4 章\课后练习\yu.png），如图 4-54 所示。

2. 导入素材提供的"datou.jpg"（素材\第 4 章\课后习题\datou.jpg）文件，使用"套索"工具选择选区，并将选区转化为路径，如图 4-55 所示。

3. 导入素材提供的"yu.jpg"文件（素材\第 4 章\课后习题\yu.jpg），使用"魔术棒"工具选择选区，并将所选区域的图像进行模糊和加深处理，同时保存文件为"yu1.png"文档（效果\第 4 章\课后练习\yu1.png），如图 4-56 所示。

 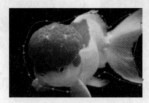 

图 4-54　羽化选区　　　　　图 4-55　转化路径　　　　　图 4-56　模糊和加深选区

第 5 章　文本对象的创建

教学要点

Fireworks CS6 不仅可以创建与编辑图形文件，还可以创建并编辑各种样式的文本对象。本章将介绍文本对象的创建，其中包括文本的创建、文本格式的设置以及文本与路径的交互应用等内容。通过对本章的学习，可以掌握文本创建与编辑的方法，以及文本路径的交互应用，能够轻松制作和处理网页图像或其他文件中的文本内容。

学习重点与难点

➢ 了解文本对象并掌握其创建方法
➢ 掌握文本对象的各种编辑方法
➢ 熟悉并掌握文本格式的设置
➢ 熟悉文本与路径的交互应用

5.1　文本的创建与编辑

在网页设计中，经常会涉及文本这种网页元素，使用 Fireworks 可以创建各种需要的文本样式，还可以非常快捷地对文本进行编辑，从而节省网页文本设计的时间。

5.1.1　创建文本

文本的创建不仅可以丰富网页中的内容，还可以对网页中的图像内容进行说明，下面将分别介绍输入、复制以及导入文本的方法。

1. 输入文本

使用"文本"工具可以创建一个文本框，在文本框中便可输入文字创建文本内容。其创建方法为：单击"文本"工具按钮 T，鼠标指针变为"I"形状，单击鼠标即可创建一个文本框，在文本框中输入字符即可，如图 5-1 所示。

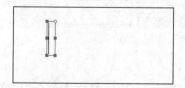 

图 5-1　输入文本

2. 复制文本

文本的复制方法与图形对象的复制方法相同，可以使用【Ctrl+C】键复制源文本，再使用【Ctrl+V】键粘贴到当前文档中；也可以直接拖动源文本到当前文档中，如图 5-2 所示。

图 5-2 复制粘贴文本

3. 导入文本

Fireworks 允许导入一个已有的文本，其方法为：选择【文件】/【导入】菜单命令，在打开的"导入"对话框中选择需要导入的文本文件，单击 打开(0) 按钮，即可导入文本，如图5-3 所示。

图 5-3 导入文本

5.1.2 设置文本格式

已创建好的文本，可以对其格式进行设置，如字体、字体颜色、字号以及对齐方式等。文本格式的设置都基于它的"属性"面板，如图 5-4 所示，下面分别介绍文本格式的设置方法。

图 5-4 文本"属性"面板

1. 选择文本

想要设置文本的格式，首先需要选择文本，选择文本可以选择文本单个的字符、连续的文本，也可以选择整个段落，其方法分别如下。

（1）选择单个字符：使用"指针"工具 或"部分选定"工具 选择文本框，在文本框中双击鼠标，此时出现闪烁的光标，按住鼠标左键不放并拖动鼠标，即可选择需要的单个字符，如图 5-5 所示（选择多个字符也可以使用这种方式）。

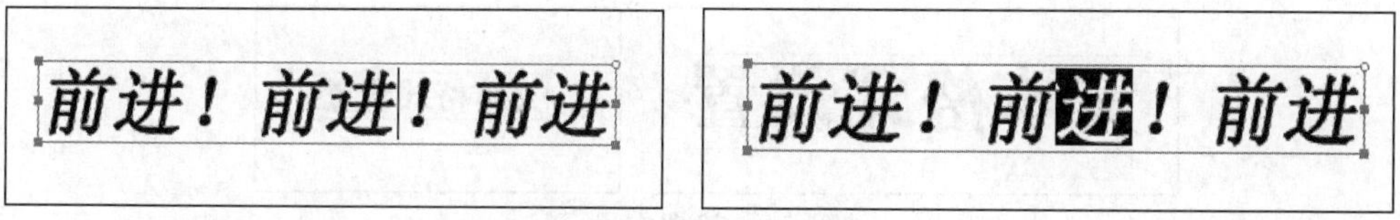

图 5-5 选择单个字符

（2）选择连续的文本：使用"指针"工具 或"部分选定"工具 选择文本框，在文本框中双击鼠标，此时出现闪烁的光标，单击鼠标将光标定位到需要选择的连续文本中，再次双击鼠标，即可选择这些文本，如图 5-6 所示。

 TIPS 如果段落中同时存在中文和英文内容，双击鼠标仅能选择连续的中文或英文部分，再次单击鼠标才能选择剩余文本。

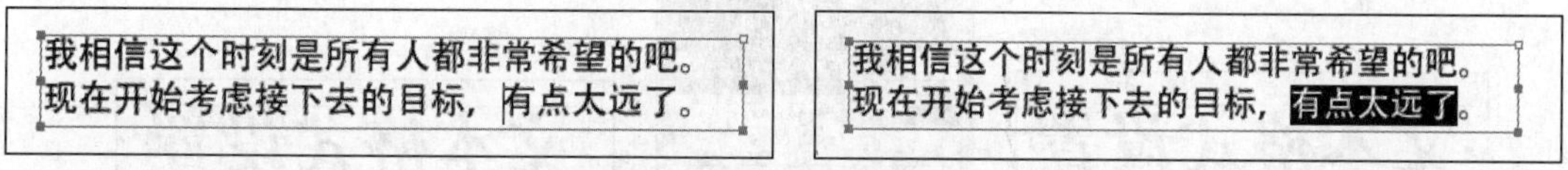

图 5-6 选择连续的文本

（3）选择整个段落：使用"指针"工具 或"部分选定"工具 选择文本框，在文本框中双击鼠标左键，此时出现闪烁的光标，连续单击鼠标左键 3 次，即可选择整个段落，如图 5-7 所示。

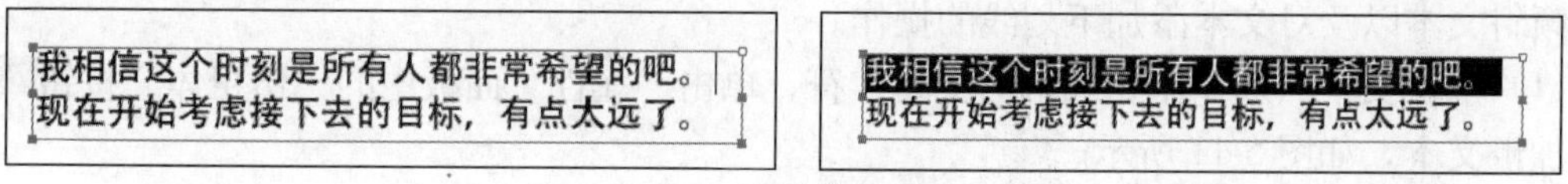

图 5-7 选择整个段落

2. 设置文本字体和字号

完成文本的创建后，可以利用"属性"面板对文本的字体和字号进行设置，其方法分别如下。

（1）字体的设置：选择需要设置的字体文本，单击"属性"面板"字体系列"文本框右边的下拉按钮 ，在弹出的下拉列表中选择需要的字体样式即可，如图 5-8 所示。

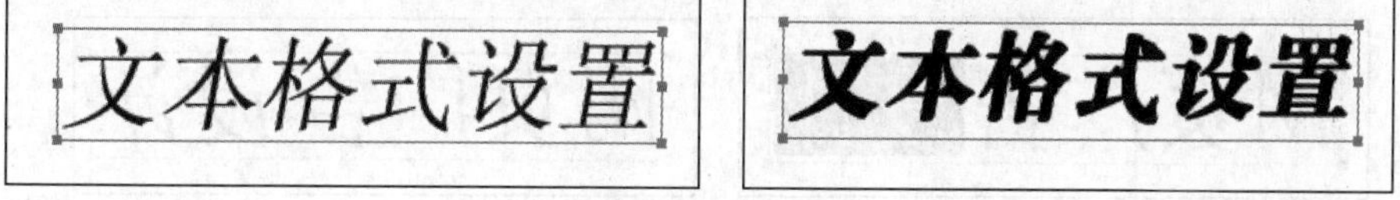

图 5-8 设置字体

 TIPS 在设置文本字体时，也可以选择单个字符，设置单个字符的字体。其设置方法与文本字体的方法相同。

（2）设置字号：设置字号即是设置文本字体的大小，其设置方法为：选择需要设置的字号文本，在"属性"面板"大小"文本框中输入"8～96"数字或单击"大小"文本框右侧的下拉按钮 ，在弹出的滑块条中拖动滑块 均可设置文本的字号，如图 5-9 所示。

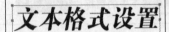

图 5-9　设置字号

3. 设置文本颜色

在设计网页时，为了使文本的颜色更加美观，能配合网页的其他对象，就需要对文本的颜色进行设置，其方法为：选择需要设置颜色的文本，单击"属性"面板"大小"文本框右侧的颜色下拉按钮■，在弹出的颜色面板中选择需要的颜色选项即可，如图 5-10 所示。

图 5-10　设置颜色

4. 设置文本外观样式

文本能否与网页的整体效果保持一致，其外观的样式也是很重要的，下面将分别介绍加粗、倾斜文本以及对文本添加下划线的操作。

（1）加粗文本：选择需要加粗的文本字符，单击"属性"面板中的"仿粗体"按钮 **B**，即可加粗文本，如图 5-11 所示。

图 5-11　加粗文本

（2）倾斜文本：选择需要倾斜的文本字符，单击"属性"面板中的"仿斜体"按钮 *I*，即可倾斜文本，如图 5-12 所示。

图 5-12　倾斜文本

（3）对文本添加下划线：选择需要添加下划线的文本字符，单击"属性"面板中的"下划线"按钮 U，即可对选择的文本添加下划线，如图 5-13 所示。

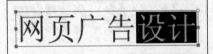

图 5-13　添加下划线

5. 设置文本方向与对齐方式

默认情况下，文本是在水平方向的上左对齐的。在设计的过程中可以根据实际的需要改变文本的方向和对齐方式，下面将分别介绍设置文本方向和对齐方式的操作。

（1）设置文本方向：选择需要设置的文本，单击"属性"面板中的"设置文本方向"下拉按钮，在弹出下拉列表中选择需要改变的文本方向选项即可，如图 5-14 所示。

图 5-14 设置文本为垂直方向

（2）文本的对齐方式：文本的对齐有"左对齐"、"居中对齐"、"右对齐"以及"齐行"等 4 种方式，选择需要对齐的文本，单击"属性"面板中的任意对齐方式按钮（"左对齐"按钮、"居中对齐"按钮、"右对齐"按钮、"齐行"按钮），即可应用按钮所对应的对齐方式，如图 5-15 所示为"齐行"对齐。

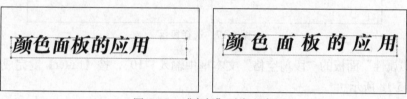

图 5-15 "齐行"对齐文本

6. 设置字符间距

在创建文本时，文本字符之间的距离值默认为"0"，"0"表示的是字符之间的正常距离。为了使文本字符之间的距离达到设计的需要，这时就可以对字符之间的距离进行调整，方法为：使用"指针"工具选择整个文本框，在文本框上双击鼠标定位光标，拖动鼠标选择需要调整距离的两个字符，然后在"属性"面板的"字偶距或字间距"文本框中输入相应的数字或单击"字偶距或字间距"文本框右侧的下拉按钮，在弹出的滑块条中拖动滑块均可设置字符间的距离，如图 5-16 所示。

 如果要对整个文本框中的字符距离进行调整，可以使用"指针"工具选择整个文本框，然后在"属性"面板的"字偶距或字间距"文本框中输入相应的数字即可。"字偶距或字间距"文本框中距离值为负值时，字符间的距离就靠得更近，距离值为正值时，字符间的距离就靠得更远。

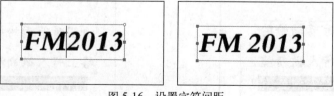

图 5-16 设置字符间距

7. 设置段落间距

在文本的设计中，为了使段落之间保持相应的距离，这时就可以对段落之间的距离进行设置。下面以设置段落之间的距离为例，介绍其设置方法。

![上机实战图标] **上机实战** 段落间距的设置

素材文件：素材\第 5 章\duanluo.png	效果文件：效果\第 5 章\duanluo.png
视频文件：视频\第 5 章\5-1.swf	操作重点：设置段落之间的距离

1 在 Fireworks 中导入素材提供的"duanluo.png"文本文件。

2 选择该文件，在文本框上双击鼠标，此时闪烁的光标出现，将光标移至需要选择的段落前方，再次双击鼠标选择此段落，如图 5-17 所示位置。

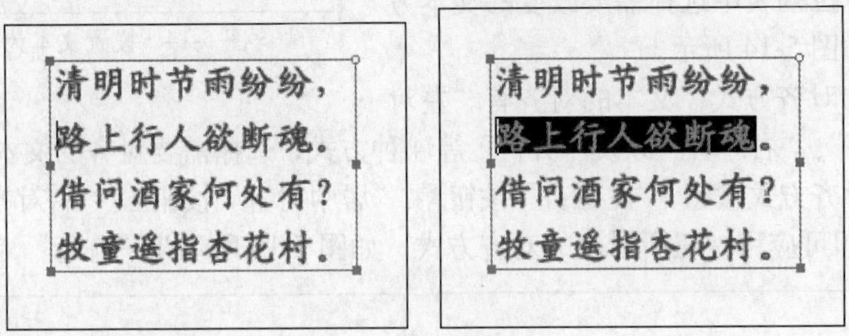

图 5-17 选择段落

3 在"属性"面板的"段前空格"文本框中输入"10"，按【Enter】键完成段前空格的设置，如图 5-18 所示。

4 按照相同方法继续选择需要设置段落间距的段落，如图 5-19 所示。

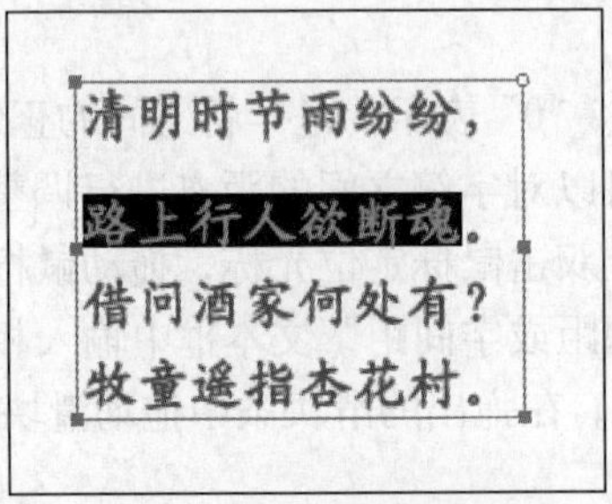

图 5-18 设置段前间距 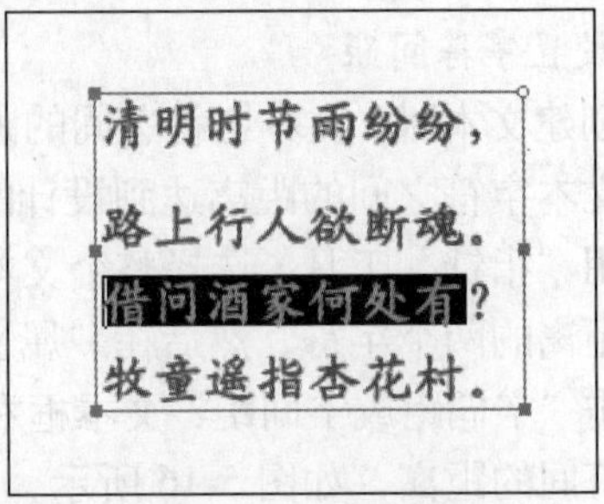   图 5-19 选择段落

5 在"属性"面板的"段后空格"文本框中输入"10"，按【Enter】键完成段后空格的设置，如图 5-20 所示。

6 在"属性"面板的"段落缩进"文本框中输入"10"，按【Enter】键完成段落的缩进设置，如图 5-21 所示。

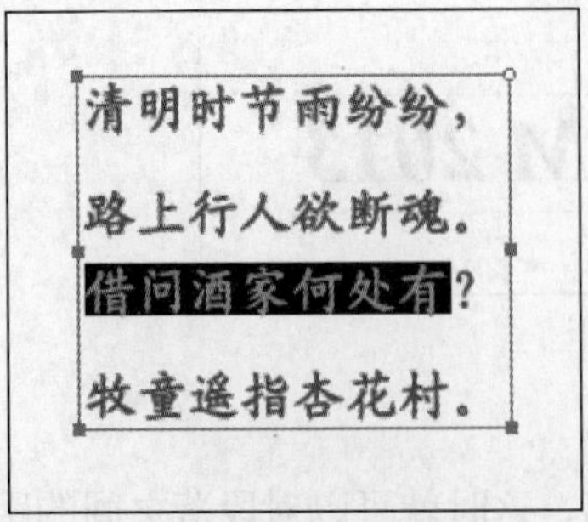

图 5-20 设置段后间距 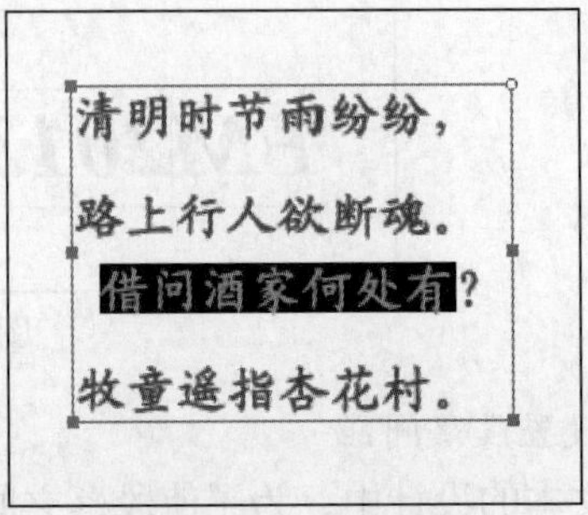   图 5-21 段落缩进

本节主要介绍了文本的创建与编辑方法，包括文本的输入、复制、导入方法和文本的选择、字体、字号、颜色、方向、对齐方式以及字符间距离的设置等，下面以创建"网址"文本为例，介绍文本的创建与编辑方法。

上机实战 创建"网址"文本

素材文件：无	效果文件：效果\第 5 章\fmzq.png
视频文件：视频\第 5 章\5-1.swf	操作重点：创建文本、编辑格式

1 新建一个空白文档，单击"文本"工具按钮 **T**，鼠标指针变为" I "形状，在画布上单击鼠标，此时文本框出现，如图 5-22 所示。

2 在文本框中输入"www.fmzq2014.com.cn"，然后按【ESC】键完成文本的创建，如图 5-23 所示。

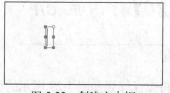

图 5-22 创建文本框   图 5-23 输入文本

3 使用"指针"工具 选择整个文本框，在文本框上双击鼠标，此时闪烁的光标出现，将光标移至如图 5-24 所示的位置，选择"2014"这 4 个字符。

图 5-24 选择文本

4 单击"属性"面板"字体系列"文本框右侧的下拉按钮 ，在弹出的下拉列表中选择"方正大标宋简体"选项，完成字体的设置，如图 5-25 所示。

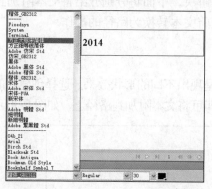

图 5-25 设置字体

5 选择整个文本框，在"属性"面板的"大小"文本框中输入"50"，按【Enter】键完成字体大小的设置，如图 5-26 所示。

6 单击"属性"面板中的"仿斜体"按钮 *I* 倾斜文本，如图 5-27 所示。

图 5-26 设置字号 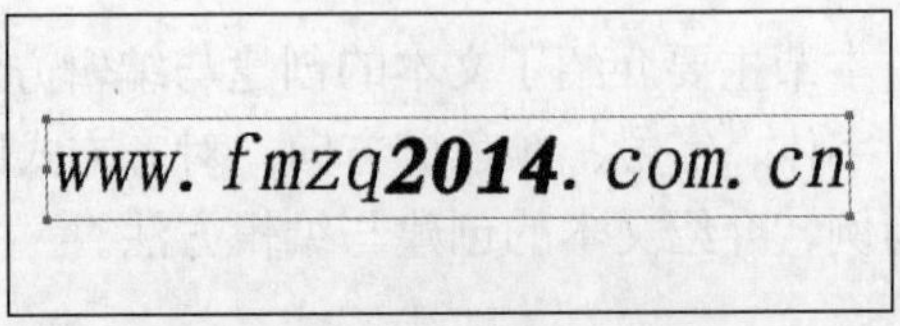 图 5-27 倾斜文本

7 单击"大小"文本框右侧的颜色下拉按钮■，在弹出的颜色面板中选择如图 5-28 所示的颜色。

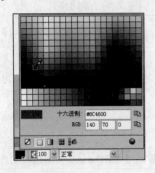

图 5-28 设置字体颜色

8 在文本框上双击鼠标，此时闪烁的光标出现，将光标移到如图 5-29 所示的位置，在"属性"面板的"字偶距或字间距"文本框中输入"200"，按【Enter】键完成操作。

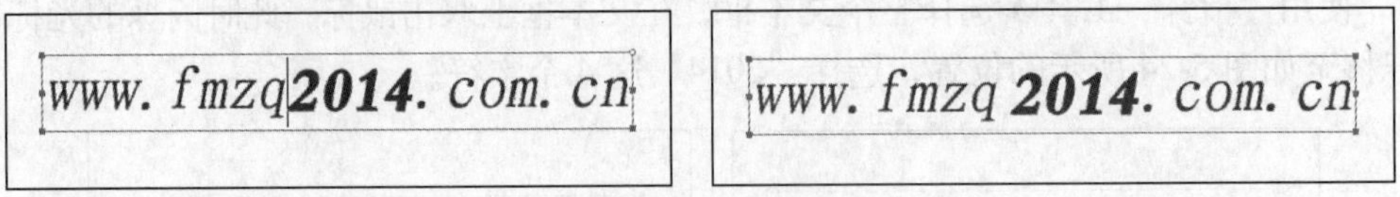

图 5-29 设置字符间距

5.2 文本与路径的交互应用

使用"文本"工具 T 创建的文本，其显示方向只存在水平和垂直方向，如果要制作出各种显示形状的文本，可以采用附加路径的方法来解决。下面将分别介绍将文本附加到路径、将文本附加到路径内部、编辑路径上的文本以及将文本转换为路径的操作。

5.2.1 将文本附加到路径

将创建好的文本附加到路径上，可以使文本呈现出不同的形状效果。选择创建好的文本和路径，选择【文本】/【附加到路径】菜单命令，即可将文本附加到路径上，如图 5-30 所示。

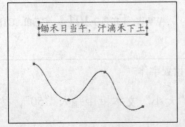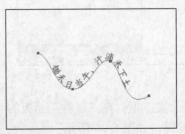

图 5-30 将文本附加到路径

将文本附加到路径后，所做的所有编辑操作都将应用到文本，而不能再对路径进行任何的编辑操作。

5.2.2 将文本附加到路径内部

Fireworks 除了可以将文本附加到路径，还可以将文本附加到路径的内部，但附加到内部的路径必须是一个闭合的路径。选择创建好的文本和闭合的路径，选择【文本】/【附加到路径内】菜单命令，即可将文本附加到路径的内部，如图 5-31 所示。

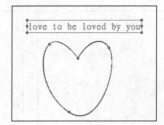

图 5-31 将文本附加到路径内部

5.2.3 编辑路径上的文本

将文本附加到路径后，可以根据实际的需要对文本进行编辑，下面将分别介绍其编辑方法。

1. 更改文本方向

Fireworks 允许更改路径上的文本方向来满足不同情况下的需求。其更改路径的方向有以下 4 种。

（1）依路径旋转：选择路径文本，选择【文本】/【方向】/【依路径旋转】菜单命令即可，这是将文本附加到路径后 Fireworks 默认的文本方向，如图 5-32 所示。

（2）垂直：选择路径文本，选择【文本】/【方向】/【垂直】菜单命令，即可将文本更改为垂直方向，如图 5-33 所示。

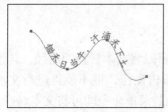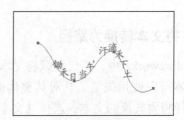

图 5-32 默认的文本方向　　　　　　　　图 5-33 垂直方向

（3）垂直倾斜：选择路径文本，选择【文本】/【方向】/【垂直倾斜】菜单命令，即可将文本更改为垂直倾斜的方向，如图 5-34 所示。

（4）水平倾斜：选择路径文本，选择【文本】/【方向】/【水平倾斜】菜单命令，即可将文本更改为水平倾斜的方向，如图 5-35 所示。

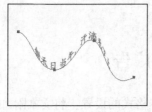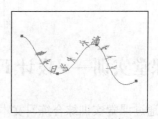

图 5-34 垂直倾斜方向　　　　　　　　图 5-35 水平倾斜方向

2. 更改文本位置

将文本添加到路径时，文本总是默认在路径的上方显示。在不同情况下可将文本的位置倒转和偏移，其方法分别如下。

（1）倒转文本：选择路径文本，选择【文本】/【倒转方向】菜单命令，即可将文本倒转到路径的下方，如图 5-36 所示。

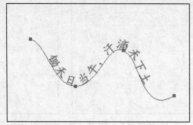 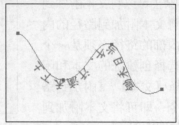

图 5-36　倒转文本

（2）偏移文本：文本附加到路径是从路径的起点开始附着的，利用"属性"面板可以将文本偏移，其方法为：选择路径文本，在"属性"面板的"偏移文本"右侧的文本框中输入相应的偏移量数值即可，如图 5-37 所示。

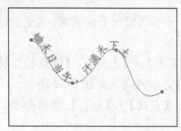 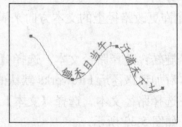

图 5-37　偏移文本

5.2.4　将文本转换为路径

在 Fireworks 中，不仅可以将文本附加到路径，还可以将文本转换为路径。转换为路径后的文本可以使用矢量工具对其整体或单个字符进行编辑操作，但不能再进行文本编辑操作。选择将要转换的文本，选择【文本】/【转换为路径】菜单命令即可将文本转换为路径，如图 5-38 所示。

 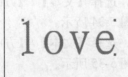 

图 5-38　将文本转换为路径

5.3　课堂实训——设计 Fireworks 宣传广告

下面通过课堂实训综合练习文本的创建与编辑、文本格式的设置、将文本附加到路径以及更改文本方向等多个操作，本实训的效果如图 5-39 所示。

| 素材文件：素材\第 5 章\guanggao.png | 效果文件：效果\第 5 章\guanggao.png |
| 视频文件：视频\第 5 章\5-3.swf | 操作重点：文本的创建、编辑与路径的交互应用 |

图 5-39　效果图

🖱 **具体操作**

1　在 Fireworks 中打开素材提供的"guanggao.png"文件。

2　单击"文本"工具按钮 **T**，鼠标指针变为"Ι"形状，在画布上单击鼠标，此时文本框出现，在文本框中输入"FireworksCS6"文本，如图 5-40 所示。

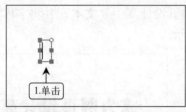 

图 5-40　创建文本

3　选择创建的文本，单击"属性"面板"字体系列"文本框右侧的下拉按钮 ，在弹出的下拉列表中选择"方正大标宋简体"字体选项，如图 5-41 所示。

图 5-41　选择字体

4　在"属性"面板的"大小"文本框中输入"50"，按【Enter】键，完成字体大小的设置，如图 5-42 所示。

5　在文本框中双击鼠标，此时闪烁的光标出现，将光标移至需要调整字符间距的位置，在"属性"面板的"字偶距或字间距"文本框中输入"300"，完成字符间距的设置，如图 5-43 所示。

图 5-42　设置字体大小　　　　　　　　图 5-43　设置字符间距

6　按照相同方法，创建"视频教程大全"文本，并将字体设置为"楷体_GB2312"、大小设置为"30"，如图 5-44 所示。

7 选择这个文本，在"属性"面板中单击"仿斜体"按钮 $\boxed{I}$，倾斜整个文本，如图 5-45 所示。

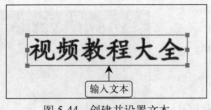

图 5-44　创建并设置文本

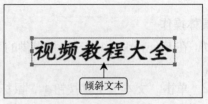

图 5-45　倾斜文本

8 切换到"钢笔"工具 ，创建一条曲线，如图 5-46 所示。

9 切换到"文本"工具 $\boxed{T}$，创建"成为网页设计高手"文本，并将字体设置为"方正大标宋简体"、大小设置为"25"，如图 5-47 所示。

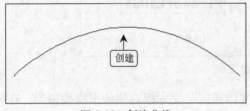

图 5-46　创建曲线

图 5-47　创建并设置文本

10 选择曲线和"成为网页设计高手"文本，选择【文本】/【附加到路径】菜单命令，将文本附加到路径，如图 5-48 所示。

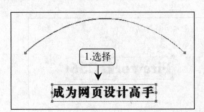

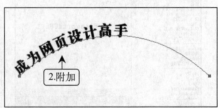

图 5-48　将文本附加到路径

11 单击"属性"面板中的"居中对齐"按钮 ，对齐路径文本，如图 5-49 所示。

12 单击"属性"面板"大小"文本框右侧的颜色下拉按钮 ，在弹出的颜色面板中选择如图 5-50 所示的颜色。

图 5-49　对齐文本

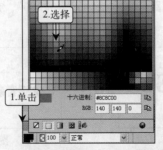

图 5-50　选择颜色

13 选择【文本】/【方向】/【垂直倾斜】菜单命令，设置文本方向，如图 5-51 所示。

图 5-51　设置文本方向

14　单击"文本"工具按钮 T，创建"15 天"文本，并将字体设置为"楷体_GB2312"、大小设置为"20"，如图 5-52 所示。

15　选择"15 天"文本，单击"属性"面板"大小"文本框右侧的颜色下拉按钮■，在弹出的颜色面板中选择如图 5-53 所示的颜色。

图 5-52　创建文本

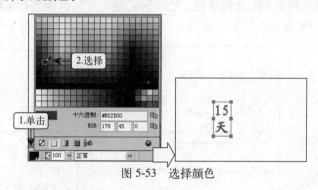

图 5-53　选择颜色

16　单击"文本"工具按钮 T，创建"查看详情"文本，将字体设置为"方正大标宋简体"、大小设置为"15"，如图 5-54 所示。

17　选择"查看详情"文本，单击"属性"面板"大小"文本框右侧的颜色下拉按钮■，在弹出的颜色面板中选择如图 5-55 所示的颜色。

图 5-54　创建文本

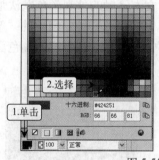

图 5-55　选择颜色

18　将所有创建的文本分别移动到导入的素材文件适合的位置上，完成宣传广告的设计，如图 5-56 所示。

5.4　疑难解答

1. 问：附加了文本的路径可以编辑吗？

答：要想编辑路径，需要先进行分离操作才行。方法为：

图 5-56　移动文本

选择路径文本，选择【文本】/【从路径分离】菜单命令，便可以将路径与文本分离，此时再选择路径将可以对路径进行编辑操作了，如图 5-57 所示。

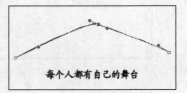

图 5-57　拆分路径

2. 问：当文本附加到路径时，只显示部分文本字符和一个图标，该怎么处理？

答：在 3 种条件下会出现这种情况，分别是：文本的字符过多、路径的长度不够以及将含有回车的文本附加到路径。处理该问题的方法只能重新编辑文本字符或编辑路径的长度，如图 5-58 所示。

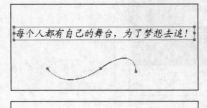

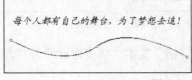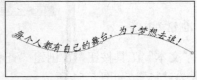

图 5-58　编辑路径

3. 问：创建文本后，能否对文本的笔触外观颜色进行设置？

答：可以，完成文本创建后，文本笔触的外观颜色默认是无色的，其设置方法为：选择需要设置笔触外观颜色的文本，单击"颜色"按钮组中的"笔触"颜色下拉按钮 或单击"属性"面板中的"笔触"颜色下拉按钮 ，在弹出的颜色面板中选需要的颜色即可，如图 5-59 所示。

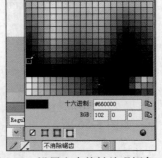

图 5-59　设置文本笔触外观颜色

4. 问：想要消除文本边缘呈现出锯齿形状，该怎么操作？

答：选择边缘有锯齿形状的文本，单击"属性"面板中"消除锯齿级别"文本框右侧的下拉按钮 ，在弹出的下拉列表中选择"强力消除锯齿"选项即可，如图 5-60 所示。

图 5-60 消除锯齿

5.5 课后练习

1．创建一个自定义内容的文本，将文本的字体设置为"黑体"、大小设置为"40"，将字体颜色设置为"蓝色"，颜色编码设置为"#006DD9"，并保存为"wb.png"文档（效果\第 5 章\课后练习\wb.png），如图 5-61 所示。

2．自定义创建一条路径，将上题的文本附加到该路径，并对该路径文本进行编辑，将该路径文本方向设置为"水平垂直"并倒转文本方向（效果\第 5 章\课后练习\daozhuan.png），如图 5-62 所示。

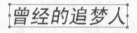

图 5-61 创建并编辑文本

图 5-62 将文本附加到路径并编辑该文本

3．导入素材提供（素材\第 5 章\课后习题\sj.png）的文件，使用"文本"工具设计 Fireworks 宣传广告，文本的字体、大小、颜色以及方向自定义，并将文档保存为"sj.png"文档（效果\第 5 章\课后练习\sj.png），如图 5-63 所示。

提示：首先创建一条路径，然后将"Fireworks"文本附加到路径，再依次创建和编辑其他文本。

图 5-63 Fireworks 宣传广告

第 6 章　滤镜的应用

教学要点

在 Fireworks 中，可以对矢量图形、位图图片以及文本添加各式各样的效果，还可以对其应用动态滤镜来增强效果。本章将介绍滤镜的应用，其中包括滤镜的基本使用方法、Fireworks 常用的内置滤镜以及动态滤镜的应用等内容。通过本章的学习，可以掌握滤镜的各种使用方法，制作出更加精美绚丽的图形图像。

学习重点与难点

➢ 了解滤镜的基本使用方法
➢ 熟悉并掌握 Fireworks 中常用的内置滤镜
➢ 掌握动态滤镜使用方法
➢ 了解 Photoshop 动态效果的应用

6.1　滤镜的基本使用方法

使用滤镜可以为整个网页图像或文本添加意想不到的效果，从而使整个网页更加美观。下面将详细介绍为整个位图、位图选区以及矢量图形应用滤镜的操作。

6.1.1　为整个位图应用滤镜

在设计的过程中，Fireworks 允许对整个位图添加滤镜，其方法为：选择需要添加滤镜的位图对象，在"属性"面板的"滤镜"栏中单击"添加动态滤镜或选择预设"下拉按钮，在弹出的下拉菜单中选择需要的滤镜即可，如图 6-1 所示。

图 6-1　为位图添加滤镜

6.1.2　在选区上应用滤镜

在对选区应用滤镜时，"属性"面板中不会出现"滤镜"栏，这时就只能通过使用菜单命令来实现对选区应用滤镜，其方法为：使用选区工具选择区域，单击"滤镜"菜单项，在弹出的下拉菜单中选择相应的滤镜命令即可，如图 6-2 所示。

图 6-2　为选区添加滤镜

6.1.3　为矢量图形应用滤镜

不仅位图可以应用滤镜效果，矢量图形也能应用滤镜，其方法为：选择需要添加滤镜的矢量图形，在"属性"面板的"滤镜"栏中单击"添加动态滤镜或选择预设"下拉按钮，在弹出的下拉菜单中选择需要的滤镜即可，如图 6-3 所示。

图 6-3　为矢量图形应用滤镜

 滤镜的应用不仅适用于位图、选区以及矢量图形，还适用于文本和路径。其滤镜的应用方法和矢量图形的方法一样。

对矢量图形应用滤镜时，如果通过菜单命令使用滤镜，矢量图形将会转换为位图。

6.2　Fireworks 常用内置滤镜

Fireworks 中预设了多种常用的滤镜，使用这些滤镜，可以轻松地处理各种图形图像。下面将分别介绍"调整颜色"滤镜组、"模糊"滤镜组以及"锐化"滤镜组中的滤镜应用方法。

6.2.1　调整颜色滤镜组

"调整颜色"滤镜组中的滤镜，可以调整对象表面的光的强度和颜色之间的色差。下面将分别介绍"亮度/对比度"滤镜、"曲线"滤镜、"色相/饱和度"滤镜以及"色阶"滤镜的应用。

1. 亮度/对比度滤镜

"亮度/对比度"滤镜主要用于调整对象表面光的强度和对象颜色的色差，其使用方法为：选择需要调整的对象，然后选择【滤镜】/【调整颜色】/【亮度/对比度】菜单命令，打开"亮度/对比度"对话框，拖动"亮度"或"对比度"栏下方的滑块，单击 确定 按钮，即可调整对象的亮度或对比度，如图 6-4 所示。

 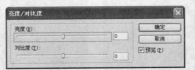 

图 6-4 使用"亮度/对比度"滤镜

2. 曲线滤镜

"曲线"滤镜可以综合调整对象的亮度、对比度和色阶。下面以使用"曲线"滤镜调整对象为例，介绍其使用方法。

上机实战　"曲线"滤镜的应用

素材文件：素材\第 6 章\che.jpg	效果文件：效果\第 6 章\che.png
视频文件：视频\第 6 章\6-1.swf	操作重点：使用"曲线"滤镜

1　新建一个空白文档，并导入素材提供的"che.jpg"文件。

2　选择导入的素材文件，然后选择【滤镜】/【调整颜色】/【曲线】菜单命令。

3　打开"曲线"对话框，在"曲线调整"框中的曲线任意位置上单击鼠标创建一个调整点，并选中"预览"复选框，以便在编辑窗口中预览调节后的效果，如图 6-5 所示。

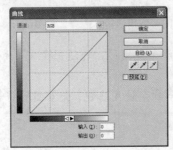 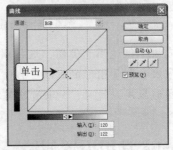

图 6-5 创建调整点

4　在调整点上按住鼠标左键不放，并拖动鼠标到适合的位置，如图 6-6 所示。

5　释放鼠标，单击 ▭确定▭ 按钮完成对象的调整，如图 6-7 所示。

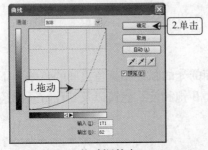  

图 6-6 拖动调整点　　　　　　　　图 6-7 调整后效果

3. 色相/饱和度滤镜

使用"色相/饱和度"滤镜可以调整对象的色调、图像饱和度以及图像光照度。下面以使用"色相/饱和度"滤镜调整对象为例，介绍其使用方法。

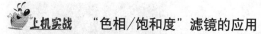

上机实战 "色相/饱和度"滤镜的应用

素材文件：素材\第 6 章\juhua.jpg	效果文件：效果\第 6 章\juhua.png
视频文件：视频\第 6 章\6-2.swf	操作重点：使用"色相/饱和度"滤镜

1 新建一个空白文档，并导入素材提供的"juhua.jpg"文件。

2 选择导入的素材文件，然后选择【滤镜】/【调整颜色】/【色相/饱和度】菜单命令。

3 打开"色相/饱和度"对话框，拖动"色相"栏下方的滑块到适合的位置，如图 6-8 所示。

4 拖动"饱和度"栏下方的滑块到适合的位置，并选中"预览"复选框，如图 6-9 所示。

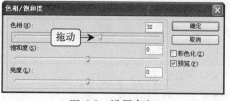

图 6-8 设置色相

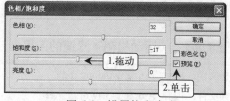

图 6-9 设置饱和度

5 拖动"亮度"栏下方的滑块到适合的位置，单击 确定 按钮完成操作，如图 6-10 所示。

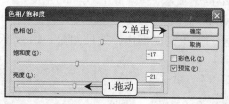

图 6-10 设置亮度

4．色阶滤镜

使用"色阶"滤镜可以调整图像中亮区和暗区的分布，其方法为：选择需要调整的对象，然后选择【滤镜】/【调整颜色】/【色阶】菜单命令，打开 "色阶"对话框，拖动三角滑块调整对象的黑白灰程度，单击 确定 按钮即可，如图 6-11 所示。

图 6-11 使用"色阶"滤镜

6.2.2 模糊滤镜组

"模糊"滤镜组中的滤镜可以使对象或对象中的选区模糊化，从而体现出朦胧的效果。下面将详细介绍"高斯模糊"滤镜、"运动模糊"滤镜以及"缩放模糊"滤镜的使用方法。

1．高斯模糊滤镜

使用"高斯模糊"滤镜可以使对象或选区的所用像素模糊化，其方法为：选择需要模糊的对象或选区，选择【滤镜】/【模糊】/【高斯模糊】菜单命令，打开"高斯模糊"对话框，拖动"模糊范围"栏下方的滑块，选中"预览"复选框预览效果，单击 确定 按钮即可，如图 6-12 所示。

图 6-12 使用"高斯模糊"滤镜

2. 运动模糊滤镜

使用"运动模糊"滤镜可以使对象产生运动时的模糊效果。下面以使用"运动模糊"滤镜调整对象为例，介绍其使用方法。

上机实战 "运动模糊"滤镜的应用

素材文件：素材\第 6 章\yundong.jpg	效果文件：效果\第 6 章\yundong.png
视频文件：视频\第 6 章\6-3.swf	操作重点：使用"运动模糊"滤镜

1 新建一个空白文档，并导入素材提供的"yundong.jpg"文件。

2 选择导入的素材文件，选择【滤镜】/【模糊】/【运动模糊】菜单命令。

3 打开"运动模糊"对话框，在"角度"文本框中输入"60"设置模糊的角度，在"距离"文本框中输入"20"设置模糊的距离，如图 6-13 所示。

4 选中"预览"复选框预览效果，单击 确定 按钮完成操作，效果如图 6-14 所示。

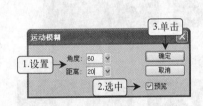

图 6-13 输入设置数字　　　　　　　　　　图 6-14 效果图

3. 缩放模糊滤镜

使用"缩放模糊"滤镜可以使对象呈现出放射性模糊缩放效果，其方法为：选择需要模糊的对象或选区，选择【滤镜】/【模糊】/【缩放模糊】菜单命令，打开"缩放模糊"对话框，在"数量"或"品质"文本框中输入需要的数字，并选中"预览"复选框预览效果，单击 确定 按钮即可，如图 6-15 所示。

图 6-15 使用"缩放模糊"滤镜

6.2.3　锐化滤镜组

Fireworks 不仅提供了"调整颜色"滤镜组和"模糊"滤镜组，还提供了"锐化"滤镜组。使用"锐化"滤镜组中的滤镜可以增大像素之间的对比度，从而达到局部效果增强的目的。下面将详细介绍"进一步锐化"滤镜和"锐化蒙版"滤镜的使用方法。

1. 进一步锐化滤镜

"进一步锐化"滤镜可以使对象像素之间的对比度增大，其使用方法为：选择需要模糊的对象或选区，选择【滤镜】/【锐化】/【进一步锐化】菜单命令即可，如图 6-16 所示。

图 6-16　使用"进一步锐化"滤镜

　反复使用【滤镜】/【锐化】/【进一步锐化】菜单命令，对象像素之间的对比度就越大，呈现出的效果也就越强，虽然能减弱模糊感，但是却增加了颗粒感。因此使用锐化类滤镜时要慎重，不要顾此失彼。

2. 锐化蒙版滤镜

"锐化蒙版"滤镜可以使蒙版像素之间的对比度增大，其使用方法为：选择需要模糊的对象或选区，选择【滤镜】/【锐化】/【锐化蒙版】菜单命令，打开"锐化蒙版"对话框，拖动"锐化量"、"像素半径"和"值"栏下方的滑块，选中"预览"复选框预览效果，单击 确定 按钮即可，如图 6-17 所示。

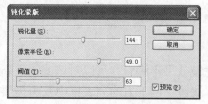

图 6-17　使用"锐化蒙版"滤镜

6.3　动态滤镜的应用

动态滤镜与内置滤镜不同，它是以外部效果的方式附加到对象上的，也就是说，动态滤镜可以随时调整、增加或删除，而不会破坏对象自身的效果。因此相比于内置滤镜而言，动态滤镜的使用更加安全和便捷。

6.3.1　动态滤镜的添加与编辑

Fireworks 允许对所选的对象添加动态滤镜效果，并能对添加的滤镜效果进行编辑。

1. 添加动态滤镜

动态滤镜的添加需要借助到"属性"面板，其方法为：选择需要添加滤镜的对象，在"属性"面板的"滤镜"栏中单击"滤镜"右侧的"添加动态滤镜或选择预设"下拉按钮⊞，在弹出的下拉菜单中选择相应的命令，再在子菜单中选择相应的滤镜命令即可。当添加多个动态滤镜时，"滤镜"栏下方的列表框中将依次出现添加的滤镜名称，同时选择的对象便应用了添加的滤镜效果，如图 6-18 所示。

图 6-18　添加动态滤镜

2. 删除动态滤镜

对于已经添加了动态滤镜效果的对象，可以对添加滤镜进行删除操作，其方法为：选择已经添加了滤镜效果的对象，在"滤镜"栏下方的列表框中选择需要删除的滤镜选项，此时"添加动态滤镜或选择预设"下拉按钮 右侧将出现 按钮，单击此按钮，选择的滤镜将被删除，如图 6-19 所示。

图 6-19　删除动态滤镜

如果要删除对象上所应用的全部滤镜，可以在"属性"面板的"滤镜"栏中单击"添加动态滤镜或选择预设"下拉按钮 ，在弹出的下拉菜单中选择"无"命令，即可删除所选对象上的全部滤镜效果。

3. 编辑动态滤镜

如果对已经添加的动态滤镜效果不满意，可以对该滤镜重新编辑，其方法为：选择已经添加了滤镜效果的对象，在"滤镜"栏下方的列表框中双击需要编辑的滤镜选项，在弹出的参数面板中即可对滤镜参数进行设置，完成设置后，按【Enter】键或单击面板外的其他位置确认编辑即可，如图 6-20 所示。

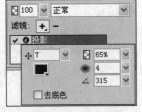

图 6-20　编辑动态滤镜

在编辑不同的滤镜时，所弹出的面板是不同的，所涉及的参数也会不同。

4. 显示与隐藏滤镜

在使用动态滤镜时，即使添加了多个滤镜，也可以在不删除滤镜的前提下，通过隐藏或显示滤镜的方式为对象应用指定的滤镜效果，其方法为：选择添加了滤镜效果的对象，在"属性"

面板"滤镜"栏下方的列表框中需要隐藏的滤镜左侧的✔图标上单击鼠标,当其变为✖标记时,表示该滤镜效果被隐藏,在✖标记上再次单击鼠标,则可以再显示该滤镜效果,如图 6-21 所示。

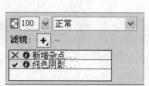

图 6-21 显示与隐藏滤镜

6.3.2 常用的动态滤镜

Fireworks 中预设了多个常用的动态滤镜。下面将重点介绍"颜色填充"滤镜、"内斜角"与"外斜角"滤镜、"凸起浮雕"与"凹入浮雕"滤镜、"投影"滤镜以及"光晕"滤镜的使用方法(其余滤镜的用法与内置滤镜相同)。

1. "颜色填充"滤镜

使用"颜色填充"滤镜可以调整对象像素的颜色。下面以使用"颜色填充"滤镜调整对象像素颜色为例,介绍其使用方法。

上机实战 "颜色填充"滤镜的应用

素材文件:素材\第 6 章\ystc.jpg	效果文件:效果\第 6 章\ystc.png
视频文件:视频\第 6 章\6-4.swf	操作重点:使用"颜色填充"滤镜

1 新建一个空白文档,并导入素材提供的"ystc.jpg"文件。

2 选择导入的素材文件,在"属性"面板的"滤镜"栏中单击"添加动态滤镜或选择预设"下拉按钮 ⬛,在弹出的下拉菜单中选"调整颜色"命令,在弹出的子菜单中选择"颜色填充"命令。

3 弹出参数面板,在"混合模式"下拉列表框中选择"网屏"选项,如图 6-22 所示。

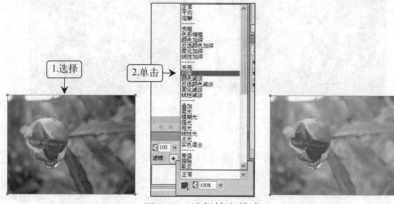

图 6-22 选择填充模式

4 单击面板左下方的颜色下拉按钮 ⬛,在弹出的颜色面板中选择如图 6-23 所示的颜色,完成操作。

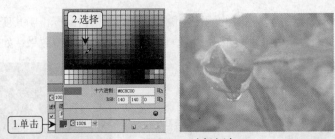

图 6-23 选择颜色

2. 内斜角与外斜角滤镜

使用"内斜角"与"外斜角"滤镜可以使对象的外观凸起，下面将分别介绍它们的使用方法。

（1）应用"内斜角"滤镜：选择对象，单击"属性"面板"滤镜"栏中的"添加动态滤镜或选择预设"下拉按钮，在弹出的下拉菜单中选择"斜角和浮雕"命令，在弹出的子菜单中选择"内斜角"命令，即可为选择的对象应用"内斜角"滤镜，如图 6-24 所示。

图 6-24 应用"内斜角"滤镜

（2）应用"外斜角"滤镜：选择对象，单击"属性"面板"滤镜"栏中的"添加动态滤镜或选择预设"下拉按钮，在弹出的下拉菜单中选择"斜角和浮雕"命令，在弹出的子菜单中选择"外斜角"命令，即可为选择的对象应用"外斜角"滤镜，如图 6-25 所示。

图 6-25 应用"外斜角"滤镜

3. 凸起浮雕与凹入浮雕滤镜

使用"凸起浮雕"与"凹入浮雕"滤镜可以使对象得到凸起或凹入画布的效果，下面将分别介绍它们的使用方法。

（1）应用"凸起浮雕"滤镜：选择对象，单击"属性"面板"滤镜"栏中的"添加动态滤镜或选择预设"下拉按钮，在弹出的下拉菜单中选择"斜角和浮雕"命令，在弹出的子菜单中选择"凸起浮雕"命令，即可为选择的对象应用"凸起浮雕"滤镜，如图 6-26 所示。

图 6-26 应用"凸起浮雕"滤镜

（2）应用"凹入浮雕"滤镜：选择对象，单击"属性"面板"滤镜"栏中的"添加动态滤镜或选择预设"下拉按钮 ，在弹出的下拉菜单中选择"斜角和浮雕"命令，在弹出的子菜单中选择"凹入浮雕"命令，即可为选择的对象应用"凹入浮雕"滤镜，如图 6-27 所示。

图 6-27 应用"凹入浮雕"滤镜

4．投影滤镜

使用"投影"滤镜可以使对象得到投影效果。下面通过为对象使用"投影"滤镜为例，介绍该滤镜的使用方法。

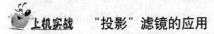
上机实战　"投影"滤镜的应用

素材文件：素材\第 6 章\touy.png	效果文件：效果\第 6 章\touy.png
视频文件：视频\第 6 章\6-5.swf	操作重点：使用"投影"滤镜

1 新建一个空白文档，并导入素材提供的"touy.png"文件。

2 选择导入的素材文件，在"属性"面板的"滤镜"栏中单击"添加动态滤镜或选择预设"下拉按钮 ，在弹出的下拉菜单中选择"阴影和光晕"命令，在弹出的子菜单中选择"投影"命令。

3 弹出参数面板，在面板左上方的"距离"文本框中输入"15"，在右下方的"角度"文本框中输入"280"，如图 6-28 所示。

4 单击"距离"文本框下方的颜色下拉按钮 ，在弹出的颜色面板中选择如图 6-29 所示的颜色设置投影颜色，按【Enter】键完成操作。

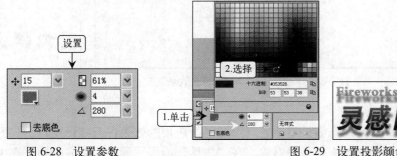

图 6-28 设置参数　　　　图 6-29 设置投影颜色

5．光晕滤镜

使用"光晕"滤镜可以为选择的对象添加光晕效果，其方法为：选择需要添加滤镜的对象，单击"属性"面板"滤镜"右侧的"添加动态滤镜或选择预设"下拉按钮 ，在弹出的下拉菜单中选择"阴影和光晕"命令，在弹出的子菜单中选择"光晕"命令，同时弹出参数面板，在面板中对滤镜参数进行相应的设置操作后，按【Enter】键即可，如图 6-30 所示。

图 6-30　应用"光晕"滤镜

6.3.3　Photoshop 动态效果

Fireworks 允许直接应用 Photoshop 的滤镜效果，这不仅可以使导入的 PSD 文件保持其原有的滤镜效果，还可以对已经存在的效果进行编辑。下面将分别介绍应用与取消 Photoshop 动态效果以及编辑 Photoshop 动态效果的方法。

1. 应用与取消 Photoshop 动态效果

应用 Photoshop 强大的动态效果可以使对象看起来更加具有特色，取消其效果，对象将会返回其原来的外观样式。

（1）应用 Photoshop 动态效果：选择需要添加效果的对象，单击"属性"面板"滤镜"右侧的"添加动态滤镜或选择预设"下拉按钮，在弹出的下拉菜单中选择"Photoshop 动态效果"命令，打开"Photoshop 动态效果"对话框，在对话框左侧列表框中选中一种或多种效果对应的复选框，并在对话框右侧设置相应的参数，单击 确定 按钮即可应用该效果，如图 6-31 所示。

（2）取消 Photoshop 动态效果：按同样的方法打开"Photoshop 动态效果"对话框，在对话框左侧列表框中取消选中的效果，单击 确定 按钮即可取消已经应用的 Photoshop 动态效果。

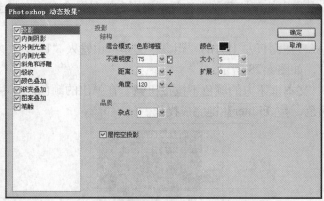

图 6-31　应用"Photoshop 动态效果"

2. 编辑 Photoshop 动态效果

为对象应用 Photoshop 动态效果后，还可以对已经应用的效果进行编辑操作，其方法为：选择应用了 Photoshop 动态效果的对象，在"属性"面板"滤镜"下方的列表框中双击"Photoshop 动态效果"，打开"Photoshop 动态效果"对话框，在对话框左侧的列表框中选择需要编辑的动态效果，此时对话框右侧将显示该效果的参数设置界面，在该界面中便可对效果进行设置，设置完成后单击 确定 按钮即可，如图 6-32 所示。

图 6-32　编辑 "Photoshop 动态效果"

6.4　课堂实训——"心中的蓝色"图画设计

下面通过课堂实训综合练习滤镜的基本使用方法、常用内置滤镜的使用以及动态滤镜的应用等多个操作，本实训的效果如图 6-33 所示。

素材文件：素材\第 6 章\hs.jpg、sl.png…	效果文件：效果\第 6 章\lanse.png
视频文件：视频\第 6 章\6-6.swf	操作重点：常用内置滤镜和动态滤镜的应用

🖱 **具体操作**

1　新建一个宽度为 "600"、高度为 "500" 的空白文档，导入素材提供的 "hs.jpg" 文件，如图 6-34 所示。

图 6-33　效果图

图 6-34　导入素材

2　选择导入的素材对象，单击 "属性" 面板 "滤镜" 右侧的 "添加动态滤镜或选择预设" 下拉按钮➕，在弹出的下拉菜单中选择【模糊】/【高斯模糊】菜单命令。

3　打开 "高斯模糊" 对话框，在 "模糊范围" 栏下方的文本框中输入 "0.5"，单击 确定 按钮，完成 "高斯模糊" 滤镜的添加操作，如图 6-35 所示。

图 6-35　添加 "高斯模糊" 滤镜

4 单击"添加动态滤镜或选择预设"下拉按钮![+]，在弹出的下拉菜单中选择【调整颜色】/【亮度/对比度】菜单命令。

5 打开"亮度/对比度"对话框，在"亮度"栏下方的文本框中输入"22"，在"对比度"栏下方的文本框中输入"-18"，单击 ![确定] 按钮，完成"亮度/对比度"滤镜的添加操作，如图 6-36 所示。

图 6-36 添加"亮度/对比度"滤镜

6 打开素材提供的"sl.png"矢量图形文件，将文件对象复制并粘贴到先前的文档中，如图 6-37 所示。

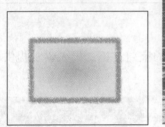

图 6-37 复制并粘贴对象

7 选择粘贴的对象，单击"属性"面板"滤镜"右侧的"添加动态滤镜或选择预设"下拉按钮![+]，在弹出的下拉菜单中选择【调整颜色】/【色相/饱和度】菜单命令。

8 打开"色相/饱和度"对话框，在"色相"栏右侧的文本框中输入"117"，在"饱和度"栏右侧的文本框中输入"20"，在"亮度"栏右侧的文本框中输入"-19"，选中"彩色化"复选框，单击 ![确定] 按钮，完成"色相/饱和度"滤镜的添加操作，如图 6-38 所示。

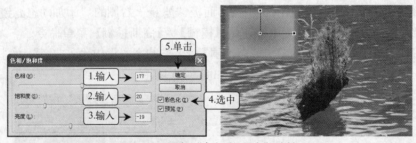

图 6-38 添加"色相/饱和度"滤镜

9 单击"添加动态滤镜或选择预设"下拉按钮![+]，在弹出的下拉菜单中选择【调整颜色】/【亮度/对比度】菜单命令，打开"亮度/对比度"对话框，在"亮度"栏下方的文本框中输入"4"，在"对比度"栏下方的文本框中输入"32"，单击 ![确定] 按钮，完成"亮度/对比度"滤镜的添加操作，如图 6-39 所示。

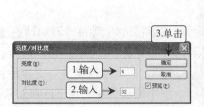

图 6-39　添加"亮度/对比度"滤镜

10　单击"添加动态滤镜或选择预设"下拉按钮，在弹出的下拉菜单中选择【锐化】/【锐化】菜单命令，将对象进行适当的锐化处理，如图 6-40 所示。

11　单击"添加动态滤镜或选择预设"下拉按钮，在弹出的下拉菜单中选择【阴影和光晕】/【内侧光晕】菜单命令，弹出参数面板，在"宽度"文本框中输入"4"，在"不透明度"文本框中输入"81"，在"柔化"、"光晕偏移"文本框中输入"0"，如图 6-41 所示。

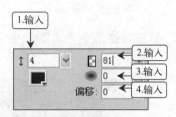

图 6-40　添加"锐化"滤镜　　　　　　　图 6-41　设置滤镜参数

12　单击"宽度"下方的颜色下拉按钮，在弹出的颜色面板中选择如图 6-42 所示的颜色，选择"内侧光晕"颜色。

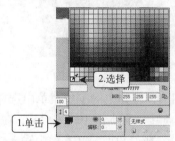

图 6-42　选择光晕颜色

13　单击"属性"面板"滤镜"栏中"混合模式"下拉列表框右侧的下拉按钮，在弹出的下拉列表中选择"变亮"选项，如图 6-43 所示。

图 6-43　选择模式

14 打开素材提供的 "wd.png" 文本文件，将文本对象复制并粘贴到文档中，并将对象置顶，如图 6-44 所示。

15 选择粘贴的文本对象，单击 "属性" 面板 "滤镜" 右侧的 "添加动态滤镜或选择预设" 下拉按钮 ⬛，在弹出的下拉菜单中选择【阴影和光晕】/【光晕】菜单命令。

16 弹出参数面板，在 "宽度" 文本框中输入 "5"，在 "不透明度" 文本框输入 "65%"，在 "柔化" 文本框中输入 "12"、"光晕偏移" 文本框中输入 "0"，如图 6-45 所示。

图 6-44 粘贴并置顶

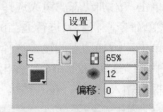

图 6-45 设置滤镜参数

17 单击 "宽度" 下方的颜色下拉按钮 ⬛，在弹出的颜色面板中选择如图 6-46 所示的颜色。

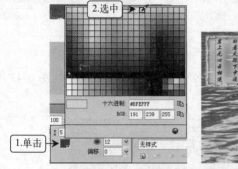

图 6-46 选择 "光晕" 颜色

18 单击 "添加动态滤镜或选择预设" 下拉按钮 ⬛，在弹出的下拉菜单中选择【斜角和浮雕】/【凸起浮雕】菜单命令，弹出参数面板，在 "宽度" 文本框中输入 "4"，在 "对比度" 文本框中输入 "75%"，在 "柔化" 文本框中输入 "2"，在 "角度" 文本框中输入 "135"，完成操作，如图 6-47 所示。

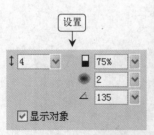

图 6-47 设置滤镜参数

19 选择矢量对象和文本对象，将其移动到适合的位置，完成本案例的制作，效果如图 6-48 所示。

6.5　疑难解答

1. 问：对已经添加了多个滤镜的对象而言，这些滤镜的次序能不能重新排列？

答：可以。首先选择该对象，在"属性"面板"滤镜"栏下方的列表框中选择需要改变次序的滤镜，在滤镜上按住鼠标左键不放，拖动鼠标到另一个滤镜的上方或下方即可改变滤镜的次序，如图 6-49 所示。

2. 问：在为对象添加相同的多个滤镜时，滤镜的顺序不同，产生的效果是否也会不同？

答：是的。在为选择的对象添加相同的多个滤镜时，其滤镜的顺序不一样，所产生的效果也是不一样的，如图 6-50 所示。

图 6-48　效果图

图 6-49　重新排列滤镜次序

图 6-50　效果对比

3. 问：怎么提取对象的边界？

答：可以使用"查找边缘"命令提取对象的边界，其方法为：选择对象，选择【滤镜】/【其它】/【查找边缘】菜单命令，即可提取对象的边界，如图 6-51 所示。

图 6-51　提取对象边界

4. 问：想要在对象后面呈现出阴影效果该怎么办？

答：可以使用"纯色阴影"滤镜来实现，其方法为：选择对象，单击"属性"面板"滤镜"右侧的"添加动态滤镜或选择预设"下拉按钮，在弹出的下拉菜单中选择"阴影和光晕"命令，在弹出的子菜单中选择"纯色阴影"命令，打开"纯色阴影"对话框，在对话框中设置相应的参数，单击 确定 按钮即可，如图 6-52 所示。

图 6-52　添加阴影效果

6.6　课后练习

1. 导入素材提供的任意 JPG 文件，对其使用"高斯模糊"滤镜，并将"模糊范围"设置为"1.2"（效果\第 6 章\课后练习\gs.png）。

2. 自定义创建一个文本，并对文本使用"内侧阴影"滤镜、"光晕"滤镜、"凸出浮雕"滤镜、"凹入浮雕"滤镜以及"高斯模糊"滤镜（效果\第 6 章\课后练习\wb.png）。

3. 导入素材提供的"shil.png、qingm.jpg、qingm1.jpg、qingm2.png"文件（素材\第 6 章\课后练习），自定义添加滤镜效果，创建"清明"图画（效果\第 6 章\课后练习\qingming.png），如图 6-53 所示。

图 6-53　"清明"效果图

第 7 章　元件、样式、层和蒙版

教学要点

　　元件、样式、层和蒙版是 Fireworks 中 4 种重要的工具和功能，在默认情况下，元件存储在"公用库"面板中，样式存储在"样式"面板中，层和蒙版存储在"图层"面板中。本章将重点介绍它们的使用方法，包括元件的创建与编辑、样式的应用与编辑、层的操作以及蒙版的创建与编辑。通过本章的学习，可以掌握元件、样式、层以及蒙版使用方法，能够更加熟练地使用 Fireworks 进行图形图像编辑处理。

学习重点与难点

➢ 了解元件、样式、层和蒙版的概念
➢ 掌握元件的创建与编辑
➢ 熟悉样式的应用、编辑和创建
➢ 掌握层的各种操作
➢ 熟悉蒙版的基本创建方法和编辑操作

7.1　元件

　　Fireworks 中的元件主要包括图形元件、动画元件和按钮元件。下面将介绍元件与实例、元件的创建、元件的编辑以及元件的导入与导出等内容。

7.1.1　元件与实例

　　实例是 Fireworks 元件的表示形式，在对元件进行编辑时，实例会自动根据元件做出修改。元件和实例主要有以下几个特点：

　　（1）使用元件和实例可以大幅度提高设计效率。例如，绘制一个很复杂的路径图形，绘制完成后将其存储为元件，然后在需要使用该路径图形的地方创建该元件的实例，就可以避免重新绘制该路径图形，从而提高设计效率。

　　（2）实例是元件的表示形式，它来自于元件，但不完全克隆元件。在生成实例时，实例中只继承元件中的基本信息。例如，实例中可能继承了元件的形状或大小，但不会继承元件中的设置效果。

　　（3）元件和实例是相互关联的，对元件的基本信息做出了修改，实例也会随之被修改。例如，从一个多边形元件生成一个或多个实例后，将多边形元件修改为矩形元件后，所有的实例都会自动变为矩形。

7.1.2　创建元件

Fireworks 允许新建元件或将已有的对象转换成元件，下面将分别介绍这两种创建元件的方法。

1. 新建元件

选择【编辑】/【插入】/【新建元件】菜单命令或单击"文档库"面板底部的"新建元件"按钮，打开"转换为元件"对话框，在"名称"文本框中输入元件名称，在"类型"栏中选择元件类型对应的复选框，如果需要指定元件每一部分的缩放方式，可以选择"启动9切片缩放辅助线"复选框，单击[确定]按钮即可，如图 7-1 所示。

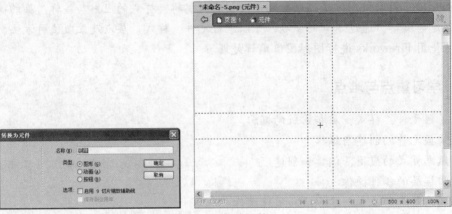

图 7-1　新建元件

2. 将已有的对象转换为元件

将已有的对象转换为元件时，就无须新建元件后再创建元件的内容了，其方法为：选择需要转换为元件的对象，选择【修改】/【元件】/【转换为元件】菜单命令，打开"转换为元件"对话框，按照新建元件的方式进行设置，单击[确定]按钮即可，所选对象将变为该元件的实例，如图 7-2 所示。

图 7-2　将对象转换为元件

7.1.3　编辑元件

可以对已经创建好的元件进行编辑操作。在编辑元件时，所有相关的实例都将自动更新以显示最新编辑的效果。

1. "文档库" 面板的应用

"文档库"面板可以显示创建元件的名称、类型以及创建时间。选择【窗口】/【文档库】菜单命令即可打开该面板，双击"文档库"面板中某个元件的名称，可以打开"转换为元件"对话框，在其中可以更改元件的名称和类型，"文档库"面板的其他功能如图 7-3 所示。

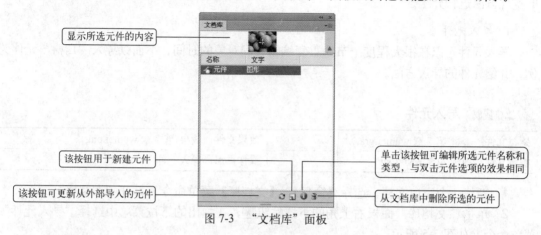

显示所选元件的内容

该按钮用于新建元件

单击该按钮可编辑所选元件名称和类型，与双击元件选项的效果相同

该按钮可更新从外部导入的元件

从文档库中删除所选的元件

图 7-3　"文档库"面板

2. 修改元件

可以通过元件编辑窗口对创建好的元件的相关属性进行修改，其方法为：双击编辑窗口中该元件的任意一个实例或选择该元件的一个实例，选择【修改】/【元件】/【编辑元件】菜单命令，进入元件编辑窗口，便可对元件进行编辑修改，编辑完成后单击元件编辑窗口左上方的"返回"按钮 ，关闭元件编辑窗口，如图 7-4 所示。

图 7-4　元件编辑窗口

在没有进入元件编辑窗口时，是无法对元件进行编辑操作的。

3. 分离元件与实例

元件与实例之间始终有着关联关系，修改元件，实例也会被自动修改。将元件和实例分离后，实例将变为一个普通的对象，从而可以独立于元件外进行各种编辑操作。选择需要分离的实例，选择【修改】/【元件】/【分离】菜单命令即可分离元件与实例。

7.1.4 元件的导入与导出

如果要在本文档中使用其他文档中的元件，就要将其他文档中的元件导入到本文档中。同样的，如果在其他文档中想要使用本文档中的元件，就要将其导出。下面将对这两种操作的实现方法进行介绍。

1. 导入元件

导入元件可以在很大程度上节约重复编辑相同对象的时间，下面以导入"乌梅"元件为例，介绍元件的导入方法。

上机实战 导入元件

素材文件：素材\第 7 章\wumei.gra….	效果文件：效果\第 7 章\wumei.png
视频文件：视频\第 7 章\7-1.swf	操作重点：导入元件

1 新建一个空白文档，选择【窗口】/【文档库】菜单命令，打开"文档库"面板。

2 单击"文档库"面板右上角的下拉按钮，在弹出的下拉菜单中选择"导入元件"菜单命令，如图 7-5 所示。

3 打开"打开"对话框，在"查找范围"下拉列表框中选择素材提供的"第 7 章"文件夹，然后选择"wumei.graphic.png"文件，单击 打开(O) 按钮，如图 7-6 所示。

图 7-5 "文档库"面板菜单

图 7-6 选择元件

4 打开"导入元件"对话框，在对话框中选择"乌梅"元件，单击 导入 按钮，元件将被导入并显示在"文档库"面板中，在"文档库"面板中导入的元件种类旁边有一个"导入"标志，表示该元件是导入的，如图 7-7 所示。

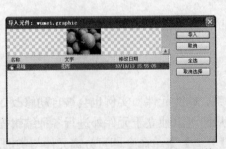

图 7-7 导入元件

5　双击"文档库"面板中导入元件的预览图像，即可进入元件编辑窗口，对该元件进行编辑，如图 7-7 所示。

图 7-8　编辑元件窗口

2. 导出元件

单击"文档库"面板右上角的下拉按钮，在弹出的下拉菜单中选择"导出元件"命令，打开"导出元件"对话框，在其中选择需要导出的元件，单击 导出 按钮，如图 7-9 所示。此后将打开"另存为"对话框，在其中设置元件的保存路径和文件名，单击 保存(S) 按钮，即可导出元件。

图 7-9　导出元件

7.2　样式

Fireworks 的"样式"面板中提供了大量的样式样本，Fireworks 还允许自定义创建与删除样式，下面主要介绍利用 Fireworks 中的样式样本快速完成对象属性设置的方法。

7.2.1　样式的概念

样式就是一些特定属性的集合，这些属性包括填充、笔画、滤镜效果以及文字属性等。将这些属性组合在一起，并作为样式保存起来，下次需要应用这些属性组合时，只需要应用样式这一步操作，即可完成需要多个操作步骤才能完成的任务，如图 7-10 所示。

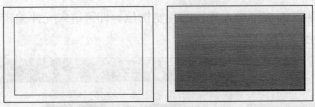

图 7-10　将样式应用到对象

7.2.2　应用样式

选择【窗口】/【样式】菜单命令，可以打开"样式"面板，如图 7-11 所示。在 Fireworks 中可以直接使用"样式"面板中预制的样式，也可以应用到位图、矢量图形以及文本对象中。

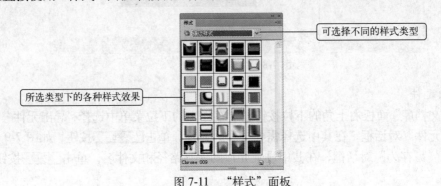

可选择不同的样式类型

所选类型下的各种样式效果

图 7-11　"样式"面板

位图对象只能应用样式的滤镜属性。

下面以在对象上应用"旧纸样式"为例，介绍样式的使用方法。

上机实战　"旧纸样式"的应用

素材文件：素材\第 7 章\lvye.png	效果文件：效果\第 7 章\lvye.png
视频文件：视频\第 7 章\7-2.swf	操作重点：对对象使用"旧纸"样式

1　在 Fireworks 中打开素材提供的"lvye.png"文件。

2　选择【窗口】/【样式】菜单命令，打开"样式"面板，如图 7-12 所示。

3　单击"样式"面板中"当前文档"下拉列表框右侧的下拉按钮，在弹出的下拉列表中选择"旧纸样式"选项，如图 7-13 所示。

图 7-12　"样式"面板

图 7-13　选择样式

4 在下方的列表框中选择如图 7-14 所示的样式即可。

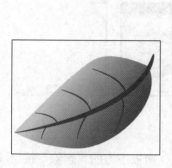

图 7-14 应用样式

 如果对样式应用后的效果不满意，还可以进行更改，此时得到的效果只会影响应用了样式的对象，不会影响样式本身。

7.2.3 编辑样式

如果对 Fireworks "样式" 面板中的样式不满意，可以对其进行重新编辑，其方法为：选择 "样式" 面板中需要编辑的样式选项，在样式选项上双击鼠标或单击 "样式" 面板右上方的下拉按钮▣，在弹出的下拉菜单中选择 "样式选项" 命令，打开 "编辑样式" 对话框，在其中重新设置样式的名称或通过复选框重新设置样式所包含的属性，设置完成后，单击 [确定] 按钮完成样式的编辑，如图 7-15 所示。

图 7-15 编辑样式

7.2.4 创建与删除样式

在设计过程中，除了可以使用 Fireworks 预制的样式效果外，还可以自定义创建新的样式，也可以将预制或自定义创建的样式删除。

1. 创建样式

在 Fireworks 中，可以根据所选对象的属性来创建样式。选择具有笔触、填充、滤镜或文本属性的矢量对象、自由图形或文本，单击 "样式" 面板或 "属性" 面板中的 "新建样式" 按钮▣，打开 "新建样式" 对话框，在其中对样式的名称和属性进行设置，单击 [确定] 按钮即可创建新的样式，如图 7-16 所示。

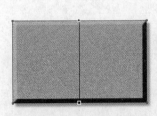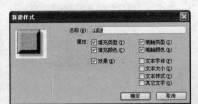

图 7-16　创建样式

2. 删除样式

在"样式"面板中选择需要删除的样式，单击"样式"面板下方的"删除"按钮，打开删除样式的提示对话框，单击 确定 按钮，即可删除所选样式，如图 7-17 所示。

图 7-17　删除样式

在应用样式前，可以单击"样式"面板右上方的下拉按钮，在弹出的下拉菜单中选择"大图标"命令，这样"样式"面板中的各种样式缩略图将放大显示，以便更加清晰地查看需应用的样式效果。

7.3　层

层的使用有利于在编辑操作中对图像的控制。一个文档可以包含许多层，而每一个层又可以包含多个子层。

7.3.1　认识层与图层面板

层位于"图层"面板中，它是"图层"面板中重要的工具之一。下面分别介绍层的概念和作用以及"图层"面板的应用。

1. 层的概念和作用

每一个 Fireworks 文档实际上都可以看作是由许多层和各层中的各种对象组合起来形成的。这些层可以看作是一个透明的并能在上面绘制各种图像的画布，各层之间是完全独立，通过有目的的重叠来形成各种图形对象。当需要删除对象中的某个部分时，只需要删除对应的层即可，而不会影响对象的其他部分。

2. "图层"面板的应用

选择【窗口】/【层】菜单命令或按【Ctrl+Alt+L】键即可打开"图层"面板，应用"图层"面板可以很方便地对层进行管理和编辑。例如，使用"图层"面板上的"混合模式"和"不透明度"功能，可以对多个对象的重叠区域的颜色进行调整和改变对象的不透明度；单击下方的"添加蒙版"按钮，可以为所选图层添加蒙版效果等。"图层"面板中的参数作用如图 7-18 所示。

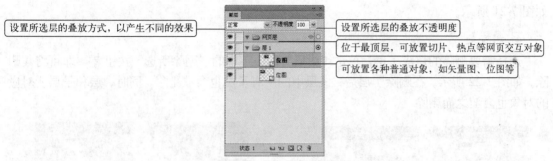

图 7-18 "图层"面板

7.3.2 层的操作

在新建文档时，在"图层"面板中会自动创建"网页层"和"层 1"两个层。两个层的用途分别如下。

- 网页层：主要用于处理与网页操作有密切关联的交互对象。
- 层 1：是创建文档时默认的层，用于处理常规的图像对象，在不创建新层的情况下，所有的常规对象，包括位图对象、矢量对象、文本对象以及路径对象等都放置在这个层中。

1. 选择层

通过选择层操作，可以选择该层对应的对象。选择层的方法有两种，分别为：

（1）在"图层"面板中，单击要选择的层名称，即可选择该层。

（2）在编辑窗口中，选择该层对应的对象，也可选择该层。

2. 新建层

在"图层"面板中，可以新建层和子层，其方法分别如下。

（1）新建层：单击"图层"面板下方的"新建/重制层"按钮或选择【编辑】/【插入】/【层】菜单命令，新建的层会被默认命名为"层 2"。新建的层会位于当前选择的层上方，如图 7-19 所示。

（2）新建子层：选择要添加子层的层，单击"图层"面板下方的"新建子层"按钮，即可在该层中新建一个子层，如图 7-20 所示。

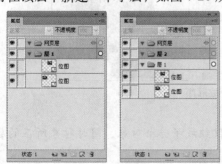

图 7-19 新建层　　　　　　　　　　图 7-20 新建子层

3. 重命名层

重命名层可以将编辑对象的内容命名为层的名称，以方便对层的选择。在"图层"面板中，双击需要重命名层的名称，层的名称栏将会变为可编辑状态，在名称栏中输入新的名称，按【Enter】键即可完成层的重命名。重命名子层的方法与重命名层的方法相同，如图 7-21 所示。

4. 删除层

选择需要删除的层或子层，单击"图层"面板下方的"删除所选"按钮 ，即可将其删除，如图 7-22 所示。在删除了层后，该层中的所有子层也会被删除，同时，层和子层所对应的对象也会随之而删除。

图 7-21　重命名层　　　　　　　　图 7-22　删除层

 在 Fireworks 中，文档中至少会保留一个常规的层。此外，网页层是不可以删除的。

5. 调整层的叠放顺序

层的叠放顺序被调整后，其对应的图像显示效果也会随之调整。在"图层"面板上选择需要调整叠放顺序的层，在该层上按住鼠标左键不放并拖动鼠标到需要的位置，此时目标位置出现闪烁的黑线，释放鼠标，即可改变该层的叠放顺序，如图 7-23 所示。

图 7-23　调整层的叠放顺序

 如果将多个对象进行组合后，这些对象不仅组成了一个对象，同时对象所在的层也将组合为一个层。

6. 显示与隐藏层

在设计过程中，文档中某一个或多个层上的对象不需要显示出来时，此时就可以利用"图层"面板来控制层对象在编辑窗口中的可视性。单击层最左侧的方框，当方框中显示 图标时，表示该层上的对象是可见的。再次单击该图标，此时图标消失，则表示隐藏该层上的对象，如图 7-24 所示。

图 7-24 隐藏层

7. 锁定与解锁层

锁定层可以避免选择和编辑该层上的对象。选择需要锁定的层，在该层最左边的第 2 个方框中单击鼠标，出现 图标时表示该层已被加锁，此时该层上的对象不能被选择和编辑，如图 7-25 所示。再次单击该图标， 标记消失后，表示该层已被解锁，可以重新对该层上的对象进行选择和编辑操作。

 将层锁定后，该层中的所有子层也会被锁定。如果只想锁定该层中某一个子层，可以只选择该子层，将其锁定即可。

7.4 蒙版

如果需要显示或隐藏对象的某个区域，可以利用蒙版技术来实现，熟练掌握多种蒙版技术，可以为图形图像设计带来意想不到的效果。

7.4.1 创建蒙版

在 Fireworks 中，利用矢量对象创建的蒙版

图 7-25 锁定层

称之为矢量蒙版，用位图创建的蒙版称之为位图蒙版，还可以用文本创建矢量蒙版。下面分别介绍创建矢量蒙版、位图蒙版、文本蒙版、粘贴于内部以及将组合对象创建为蒙版的操作。

1. 创建矢量蒙版

使用矢量图形创建蒙版时，一个带有钢笔图标的蒙版缩略图将会出现在"图层"面板中，表示该矢量蒙版已经被创建。下面以创建"矢量蒙版"为例，介绍其创建方法。

![图标] **上机实战** "矢量蒙版"的创建

素材文件：素材\第 7 章\mb.png	效果文件：效果\第 7 章\mb.png
视频文件：视频\第 7 章\7-3.swf	操作重点：创建"矢量蒙版"

1 在 Fireworks 中打开素材提供的"mb.png"文件，如图 7-26 所示。

2 选择"叶子"对象，将其作为蒙版对象，选择【编辑】/【剪切】菜单命令，将其剪切，如图 7-27 所示。

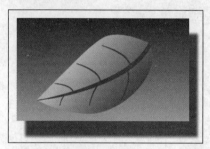

图 7-26 打开文件

图 7-27 剪切对象

3 选择矩形矢量图，作为被遮挡物，选择【编辑】/【粘贴为蒙版】菜单命令，此时，矢量蒙版创建完成，"图层"面板中将出现带有钢笔图标的蒙版缩略图，如图 7-28 所示。

图 7-28 创建蒙版和"图层"面板

4 在"属性"面板中，选中"灰度外观"单选项，此时创建的蒙版将应用灰度外观样式，如图 7-29 所示。

图 7-29 编辑蒙版

2. 创建位图蒙版

位图蒙版是 Fireworks 中用途最广的蒙版。其创建方法为：选择被遮挡物，单击"图层"面板下方的"添加蒙版"按钮 ，此时该层对象名称前将出现蒙版标志 ，选择缩略图连接符号后面的白色蒙版缩略图，即可使用位图工具对该蒙版进行编辑，如图 7-30 所示。

图 7-30 创建位图蒙版

3. 创建文本蒙版

Fireworks 允许将文本创建为蒙版，创建的蒙版为矢量蒙版。文本蒙版的创建方法与矢量蒙版的创建方法相同，只需将文本作为蒙版对象即可，如图 7-31 所示。

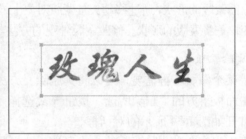

图 7-31 文本蒙版

4. 粘贴于内部

使用"粘贴于内部"命令可以创建位图蒙版或矢量蒙版，选择的对象类型不同，所创建的蒙版类型也就不同。"粘贴于内部"所产生的效果与"粘贴为蒙版"的效果类似，但方法却是不同的，其方法为：选择作为被遮挡物的对象，选择【编辑】/【剪切】菜单命令剪切该对象，再选择蒙版对象，选择【编辑】/【粘贴于内部】菜单命令，即可创建粘贴于对象内部的蒙版，如图 7-32 所示。

图 7-32 "粘贴于内部"的蒙版

5. 将组合对象创建为蒙版

Fireworks 允许将多个编辑好的对象组合起来创建蒙版，其方法为：选择多个需要组合为蒙版的对象，此时处于最上层的对象将会被作为蒙版对象，其他的对象都会被作为遮挡物，选择【修改】/【蒙版】/【组合为蒙版】菜单命令，即可创建组合蒙版，如图 7-33 所示。

图 7-33　创建组合的蒙版

7.4.2　编辑蒙版

在蒙版创建完成后，可以对蒙版进行编辑操作。下面分别介绍修改蒙版的外观、删除蒙版、禁用蒙版以及替换蒙版的操作。

1. 修改蒙版外观

可以对创建完成的蒙版的外观形状进行修改。使用位图工具可以在位图蒙版上进行绘制，以改变位图蒙版的形状；通过移动矢量蒙版对象上绿色的控制点或更改其"属性"面板中的设置，可以改变该矢量蒙版的形状。修改蒙版外观的方法与编辑位图和矢量图形的方法相同。

2. 删除蒙版

如果某个蒙版不再需要，可以将其删除，方法为：在"图层"面板中选择需要删除的蒙版，单击面板下方的"删除所选"按钮 📑 或选择【修改】/【蒙版】/【删除蒙版】菜单命令，此时会打开如图 7-34 所示的对话框。

对话框中有 3 种删除蒙版的方式可选，选择删除方式后，单击该方式对应的按钮即可将蒙版删除，3 种删除蒙版的方式分别如下。

- Discard 按钮：单击此按钮，可以将蒙版直接删除。
- Cancel 按钮：单击此按钮，将放弃删除，保留蒙版。
- Apply 按钮：单击此按钮，可以将蒙版应用到被遮挡物上，并转化为位图，然后将蒙版删除。

3. 禁用蒙版

如果想要编辑蒙版中的对象，可以使用禁用蒙版的方式来实现。蒙版被禁用后，蒙版中的对象将会被显示出来，此时就可以对显示出来的对象进行编辑。禁用蒙版的方法为：在"图层"面板中选择将要禁用的蒙版，选择【修改】/【蒙版】/【禁用蒙版】菜单命令或单击"图层"面板右上方的下拉按钮 ▾≣，在弹出的下拉菜单中选择"禁用蒙版"命令，即可禁用选择的蒙版，此时在"图层"面板的蒙版缩略图上会出现红色叉的图标 📕，单击此图标，将会重新启用蒙版，如图 7-35 所示。

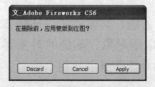

图 7-34　"删除蒙版"对话框

图 7-35　禁用蒙版

4．替换蒙版

如果对当前的蒙版对象不满意，可以选择新的蒙版对象替换当前蒙版对象。下面以"替换蒙版"为例，介绍蒙版的替换方法。

上机实战　"蒙版"对象的替换

素材文件：素材\第 7 章\th.png	效果文件：效果\第 7 章\th.png
视频文件：视频\第 7 章\7-4.swf	操作重点：替换"蒙版"对象

1　在 Firewoks 中打开素材提供的"th.png"文件。

2　使用"文本"工具 $\boxed{T}$ 创建"那一抹红色"文本对象，该文本对象将作为替换的蒙版对象，如图 7-36 所示。

3　选择该文本对象，选择【编辑】/【剪切】菜单命令，将该对象剪切，如图 7-37 所示。

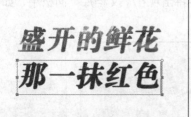

图 7-36　创建替换的对象　　　　　　　　　图 7-37　剪切对象

4　在"图层"面板中选择被遮挡对象的缩略图，如图 7-38 所示。

5　选择【编辑】/【粘贴为蒙版】菜单命令，打开"Firewoks"对话框，单击 $\boxed{替换}$ 按钮，即可将原有的蒙版对象替换为剪切的对象，效果如图 7-39 所示。

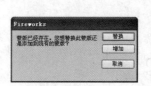

图 7-38　选择被遮挡的对象　　　　　　　图 7-39　效果图

7.5　课堂实训——创建"美丽的大自然"图像

下面通过课堂实训综合练习元件的创建、应用样式以及创建与编辑蒙版等多个操作，本实训的效果如图 7-40 所示。

素材文件：素材\第 7 章\yz.jpg、hua.jpg	效果文件：效果\第 7 章\dzr.png
视频文件：视频\第 7 章\7-5.swf	操作重点：创建元件、应用样式、创建并编辑蒙版

图 7-40　效果图

🖱 具体操作

1　在 Fireworks 中打开素材提供的"yz.jpg"文件。

2　选择打开的文件对象，选择【修改】/【元件】/【转换为元件】菜单命令，打开"转换为元件"对话框，在"名称"文本框中输入"元件 1"，在"类型"栏中选中"图形"单选项，单击 确定 按钮，将对象转换为元件，此时元件将出现在"文档库"面板中，如图 7-41所示。

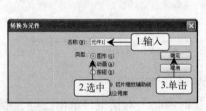

图 7-41　创建元件

3　在"图层"面板中选择元件，选择【修改】/【元件】/【编辑元件】菜单命令，在元件编辑窗口的"属性"面板中，将元件的"宽"设置为"470"、"高"设置为"315"，单击元件编辑窗口左上方的返回按钮 ⇦，返回当前编辑窗口，如图 7-42 所示。

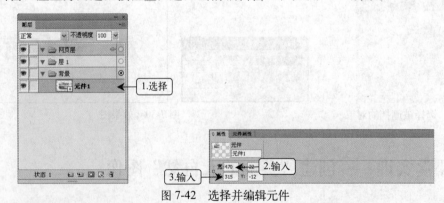

图 7-42　选择并编辑元件

4　使用"矩形"工具 □ 创建一个矩形，并设置矩形的"宽"为"450"、"高"为"280"，如图 7-43 所示。

5　选择该矩形，单击"样式"面板的"当前文档"下拉列表框右侧的下拉按钮 ▼，在弹出的下拉列表中选择"旧纸样式"选项，如图 7-44 所示。

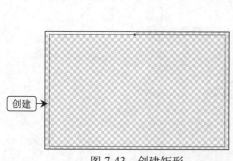

图 7-43 创建矩形

图 7-44 选择样式

6 在下方的列表框中选择如图 7-45 所示的样式，创建的矩形便应用了所选的样式。

图 7-45 选择并应用样式

7 选择该矩形，在"属性"面板的"填充"栏中单击"无填充"按钮 ⊠，取消矩形的填充颜色，如图 7-46 所示。

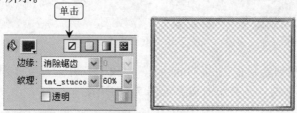

图 7-46 编辑样式

8 将编辑完成的矩形移动到元件上适合的位置，如图 7-47 所示。

9 切换到"文本"工具 T，创建"和谐的大自然"文本对象，利用"属性"面板将"字体"设置为"方正行楷简体"、"字体大小"设置为"40"，如图 7-48 所示。

图 7-47 移动对象

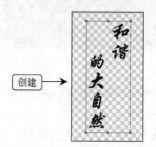

图 7-48 创建文本对象

10 导入素材提供的"hua.jpg"文件，在"图层"面板上选择该文件的层，在该层上按住鼠标左键不放，拖动鼠标到文本层的下方，此时闪烁的黑线出现，释放鼠标，调整该层和文本层的顺序，如图 7-49 所示。

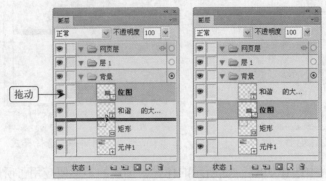

图 7-49　调整层顺序

11 选择素材提供的"hua.jpg"文件对象，单击"属性"面板"滤镜"栏中的"添加动态滤镜或选择预设"按钮，在弹出的下拉菜单中选择【阴影和光晕】/【投影】菜单命令，为其添加滤镜效果，如图 7-50 所示。

图 7-50　添加滤镜

12 将文本对象移到素材提供的"hua.jpg"对象上，并选择文本对象，选择【编辑】/【剪切】菜单命令，将其剪切为蒙版对象，如图 7-51 所示。

图 7-51　移动并剪切对象

13 选择素材提供的"hua.jpg"对象，选择【编辑】/【粘贴为蒙版】菜单命令，创建文本蒙版，如图 7-52 所示。

14 切换到"文本"工具，创建"美丽的大自然"文本对象，利用"属性"面板将"字体"设置为"方正行楷简体"、"字体大小"设置为"30"，如图 7-53 所示。

图 7-52 创建蒙版

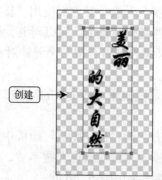

图 7-53 创建文本对象

15 选择"美丽的大自然"文本对象，将其移动到蒙版对象上，并按照相同方法将其剪切为替换蒙版的对象，如图 7-54 所示。

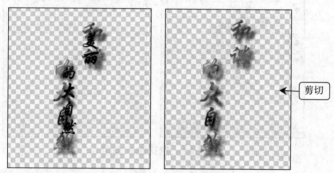

图 7-54 移动并剪切对象

16 在"图层"面板中选择蒙版层中被遮挡对象的缩略图，选择【编辑】/【粘贴为蒙版】菜单命令，打开"Fireworks"对话框，单击 替换 按钮，替换原蒙版的蒙版对象，如图 7-55 所示。

17 将替换了的蒙版对象移动到元件对象适合的位置上，完成图像的创建，效果如图 7-56 所示。

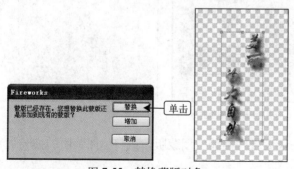

图 7-55 替换蒙版对象

图 7-56 效果图

7.6 疑难解答

1. 问：选择多个对象，并将其转换为元件，会出现什么情况？

答：选择多个对象，对它们使用"转换为元件"命令，对象将会自动组合为一个元件对象。在进入元件编辑窗口后，可以对其元件中的单个对象进行编辑，编辑完成后退出元件编辑窗口，对象又将自动组合成一个元件对象。多个对象组合成的元件对象，不能对其使用"取消组合"命令。

2. 问：要隐藏或锁定多个层的时候，逐个隐藏或锁定很麻烦，有没有快捷方法隐藏或锁定多个层呢？

答：有。方法为：在"图层"面板中选择需要隐藏或锁定的层，在该层左侧的第1个方框或第2个方框中，按住鼠标左键不放，垂直向下或向上拖动鼠标，鼠标所经过的层将会统一被隐藏或锁定，如图 7-57 所示。

图 7-57　快捷隐藏多个层

3. 问：如何应用自动矢量蒙版？

答：使用自动矢量蒙版可以将预设的图案作为矢量蒙版应用到对象上，其使用方法为：选择矢量或位图对象，选择【命令】/【创意】/【自动矢量蒙版】菜单命令，打开"自动矢量蒙版"对话框，在其中设置蒙版的线性和形状参数后，单击 应用 按钮，即可将蒙版类型应用于对象，如图 7-58 所示。

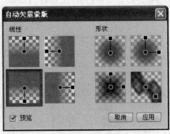

图 7-58　应用自动矢量蒙版

4. 问：在 Fireworks 中，能不能将矢量蒙版转换为位图蒙版，或将位图蒙版转换为矢量蒙版？

答：Fireworks 允许将矢量蒙版转换为位图蒙版，但不允许将位图蒙版转换为矢量蒙版。将矢量蒙版转换为位图蒙版的方法为：在"图层"面板上选择需要转换的矢量蒙版缩略图，单击"图层"面板右上方的下拉按钮 ，在弹出的下拉菜单中选择"平面化所有"命令，即可将选择的矢量蒙版转换为位图蒙版。

7.7　课后练习

　　1. 导入素材提供的任意 JPG 文件，将文件中的对象转换为元件，并对元件添加"杂点"滤镜效果（效果\第 7 章\课后练习\yuanjian.png），如图 7-59 所示。

　　2. 自定义创建任意形状的矢量图形，应用"样式"面板中预设的任意样式（效果\第 7 章\课后练习\yangshi.png），如图 7-60 所示。

　　3. 创建"水"宣传图画，其所有设置自定义，并将文档保存为"shui.png"文档（效果\第 7 章\课后练习\shui.png），如图 7-61 所示。

图 7-59　完成编辑的元件　　　　　图 7-60　应用样式　　　　　图 7-61　"水"宣传图画

　　提示：首先使用"矩形"工具创建背景图，然后对背景图应用"样式"面板中预设的样式，再使用"文本"工具创建"水"文本对象，作为蒙版对象，创建一个矩形矢量对象作为被遮挡物，创建"水"蒙版，最后创建"生命之源"文本。

第8章 图像热点与切片

教学要点

Fireworks 是网页图形图像编辑的有效工具，这一优点最主要的体现是它能够很好地处理图像热点与切片。本章将重点介绍图像热点与切片的使用方法，其中包括图像热点与图像映像的概念、图像热点的创建与编辑、切片的概念、切片的创建、编辑以及导出。通过本章的学习，可以掌握图像热点、切片的创建与编辑方法，获得网页图像编辑的基本能力。

学习重点与难点

➢ 了解图像热点和切片的概念
➢ 熟悉并掌握图像热点的创建与编辑方法
➢ 掌握切片的创建、编辑以及导出切片的方法

8.1 图像热点

图像热点功能可以实现在一幅图上创建一个或多个超链接的效果，不仅可以有效地节约网页版面，还能使制作的网页更具特色。下面将介绍图像热点的创建和常用的热点编辑方法。

8.1.1 图像热点与图像映像

Fireworks 中的热点可以生成 Web 图像和与图像密切关联的 HTML 源代码，所生成的所有图像数据和代码文字都会被保存在 PNG 文档中。在学习图像热点的相关知识前，首先了解图像映像和图像热点的概念。

● 图像映像：所谓图像映像，实际上就是在一幅图像中创建多个链接区域，通过单击不同的链接区域，可以跳转到不同的链接目标端点。
● 图像热点：图像热点就是图像映像中的各个链接区域，有时也可以称图像热点为图像热区。

8.1.2 创建图像热点

如果想要在一副图像中创建多个热点区域，可以通过 Fireworks 提供的热点工具来实现。

1. 使用热点工具创建图像热点

Fireworks 提供了 3 种不同形状的热点工具，分别为"矩形热点"工具、"圆形热点"工具和"多边形热点"工具。创建图像热点的方法为：打开或创建 PNG 文档对象，在"工具"面板的"Web"按钮组中单击"矩形热点"工具按钮 或在"矩形热点"工具上按住鼠标左键不放，在弹出的下拉列表中选择需要的热点工具，在对象需要创建热点的位置上按住鼠标左键不放并拖动鼠标，即可创建图像热点，如图 8-1 所示。

图 8-1 创建热点

使用"多边形热点"工具 创建热点方法与其他两种热点工具的方法不同，其方法为：在需要创建热点的位置上单击鼠标创建一个点，移动鼠标到下一个位置，再单击鼠标创建另一个点，两点之间将会被一条直线连接起来，按照相同方法创建多个点，此时，点与点之间将会被直线连接起来，最终组合成一个多边形的热点。

2. 基于路径生成图像热点

在 Fireworks 中，不仅可以使用提供的热点工具创建热点，还可以基于路径的形状生成热点。下面将分别介绍基于单个路径和多个路径生成热点的方法。

(1) 基于单个路径生成热点：选择要作为热点的单个路径，选择【编辑】/【插入】/【热点】菜单命令或按【Ctrl+Shift+U】键，即可将选择的路径生成热点，如图 8-2 所示。

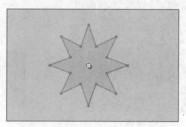

图 8-2 基于单个路径生成热点

(2) 基于多个路径生成热点：选择要作为热点的多个路径，选择【编辑】/【插入】/【热点】菜单命令或按【Ctrl+Shift+U】键，此时会打开"Fireworks"对话框，提示是将选择的路径生成一个热点还是多个热点，单击 单一(S) 按钮，选择的多个路径将生成一个热点，单击 多重(M) 按钮，选择的路径将生成多个的热点，如图 8-3 所示。

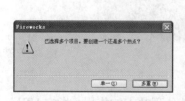
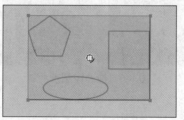
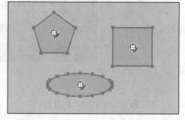

图 8-3 基于多个路径生成热点

8.1.3 编辑图像热点

创建好的热点可以随时进行重新编辑，以满足不同情况下的不同需要。下面将分别介绍查看与选择热点、调整热点形状以及为热点制定 URL 的方法。

1. 查看与选择热点

在某些特定的条件下，热点是被隐藏了的，想要查看隐藏的热点可以单击"工具"面板中"Web"按钮组的"显示切片和热点"按钮▣，即可查看隐藏的热点。热点其实也是对象，不同的是，对象保存在普通的层中，而热点保存在网页层中，选择网页层中的热点缩略图，也可以选择该缩略图对应的热点。

2. 调整热点形状

在热点创建完成后，可以对热点的形状进行调整。下面以调整"热点"形状为例，介绍调整方法。

上机实战　　"热点"形状的调整

素材文件：素材\第 8 章\redian.png	效果文件：效果\第 8 章\redian.png
视频文件：视频\第 8 章\8-1.swf	操作重点：调整"热点"形状

1　在 Fireworks 中打开素材提供的"redian.png"文件。

2　选择"圆形热点"工具🔘，在打开的素材对象上创建一个圆形的热点，如图 8-4 所示。

3　选择该热点对象，单击"属性"面板中"形状"下拉列表框右侧的下拉按钮，在弹出的下拉列表中选择"多边形"选项，如图 8-5 所示。

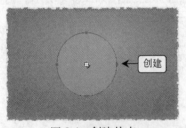

图 8-4　创建热点

图 8-5　"属性"面板

4　此时热点对象周围将出现许多控制点，将鼠标指针移至控制点上，按住鼠标左键不放，拖动鼠标即可改变热点的形状，如图 8-6 所示。

图 8-6　拖动控制点

3. 为热点指定 URL

在热点创建完成后，需要为其指定 URL，即链接目标，才能体现热点的作用，指定 URL 的方法为：选择需要指定 URL 的热点对象，在"属性"面板的"链接"下拉列表框中输入 URL 地址，在"替换"文本框中输入替换的文字，当浏览器无法显示图像时，可以显示替代的文本，即可完成 URL 地址的指定，如图 8-7 所示。

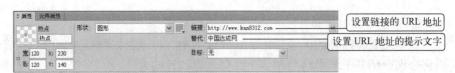

设置链接的 URL 地址

设置 URL 地址的提示文字

图 8-7　指定 URL 地址

8.2　切片

在浏览器中下载较大的图像需要较长的时间。为了提高下载的效率，可以将较大的图像分割为多幅较小的图像，然后分别进行下载，这就是 Fireworks 的切片功能。本节将分别介绍切片的概念和特点、创建切片、编辑切片以及导出切片的方法。

8.2.1　切片的概念和特点

切片就是将图像分隔成很多不同的部分，它是一种网页对象，不是以图像形式存在，而是以 HTML 代码的形式出现。切片主要有以下几方面的特点。

（1）减少下载时间：当一幅图像较大时，其下载时间往往会很长，此时如果用切片将其分隔成几个小部分，这样不仅减少了图像的下载时间，而且也不影响图像效果。

（2）优化图像：对一幅图像进行切片后，可以有针对性地对图像的某个切片区域进行优化，这样不仅满足了图像优化的要求，又可以最大限度的防止图像文件的体积过大。

（3）制作动态效果：使用切片后的图像，可以实现图像交互等各种动态效果的制作，能丰富网页的内容，增加网页的活力。

8.2.2　创建切片

创建切片的方法与创建热点的方法类似，只是使用的工具不同而已。下面将分别介绍使用"切片"工具创建矩形切片、基于路径创建切片、创建多边形切片以及文本切片的方法。

1. 使用"切片"工具创建矩形切片

矩形切片是 Fireworks 中最为常用的切片。创建的切片将会被保存在"图层"面板的网页层中，切片对象上所出现的红色是切片辅助线，该辅助线用于控制切片与切片之间的边界，默认情况下，创建的切片将被半透明的绿色所覆盖。创建矩形切片的方法为：在"工具"面板的"Web"按钮组中选择"切片"工具 ，在图像对象上按住鼠标左键不放，拖动鼠标到适合的位置，释放鼠标，即可创建矩形切片，如图 8-8 所示。

图 8-8　创建矩形切片

2. 基于路径创建切片

如果想要将路径的区域应用于切片区域中，可以根据路径对象的形状直接创建切片。下面将分别介绍基于单个路径和多个路径创建切片的方法。

（1）基于单个路径创建切片：选择需要根据路径创建切片的路径，选择【编辑】/【插入】/【矩形切片】菜单命令，即可根据该对象的外切矩形大小创建一个切片，如图 8-9 所示。

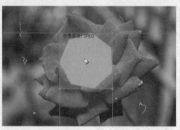

图 8-9　基于单个路径创建切片

（2）基于多个路径创建切片：选择需要根据路径创建切片的多个路径，选择【编辑】/【插入】/【矩形切片】菜单命令，此时会打开"Fireworks"对话框，提示是将选择的路径创建一个切片还是多个切片，单击 单一(S) 按钮，选择的多个路径将视为一个对象进行切片；单击 多重(M) 按钮，将会在每个对象覆盖的区域创建一个切片，如图 8-10 所示。

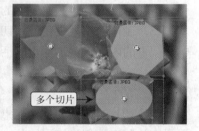

图 8-10　基于多个路径创建切片

3. 创建多边形切片

Fireworks 允许创建多边形切片，但创建的切片文件仍然会以矩形的形式保存，其创建方法为：在"切片"工具 上按住鼠标左键不放，在弹出的下拉列表中选择"多边形切片"工具 ，在对象上单击鼠标创建多边形的每个点，即可创建多边形切片。在起点处单击鼠标，创建的切片区域将闭合，如图 8-11 所示。

图 8-11　创建多边形切片

4. 创建文本切片

创建文本切片有助于快速更新出现在站点中的文本，下面以创建"文本"切片为例，介绍创建方法。

![上机实战图标] **上机实战　"文本"切片的创建**

素材文件：素材\第 8 章\wbq.png	效果文件：效果\第 8 章\wbq.png
视频文件：视频\第 8 章\8-2.swf	操作重点：创建"文本"切片

1　在 Fireworks 中打开素材提供的"wbq.png"文件。

2　选择"切片"工具 ，在提供的素材文件上创建一个矩形切片，如图 8-12 所示。

3　选择创建的切片，单击"属性"面板中"类型"下拉列表框右侧的下拉按钮，在弹出的下拉列表中选择"HTML"选项，"属性"面板将变为如图 8-13 所示的样式。

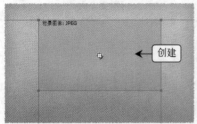

图 8-12　创建矩形切片　　　　　　　　图 8-13　选择切片类型

4　单击"属性"面板中"HTML"栏右侧的 编辑... 按钮，打开"编辑 HTML 切片"对话框，在其中输入相应的文本，如图 8-14 所示。

图 8-14　输入文本内容

5　单击 确定 按钮即可完成"文本"切片的创建，如图 8-15 所示。

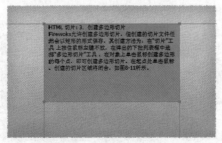

图 8-15　完成创建"文本"切片

8.2.3 编辑切片

切片创建完成后，可以根据实际情况对切片进行编辑，使其更加符合设计要求。下面将分别介绍查看切片、调整切片大小以及删除切片的方法。

1. 查看切片

利用"图层"面板中的"网页层"可以对创建的切片进行查看。其方法为：选择【窗口】/【图层】菜单命令，打开"图层"面板，单击"网页层"左侧的"展开"按钮，展开"网页层"的子层，选择某个切片对应的选项，即可在文档中查看该切片，如图 8-16 所示。

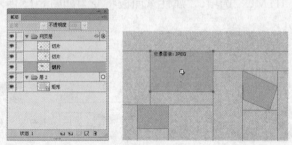

图 8-16　查看切片

2. 调整切片大小

创建切片后，切片区域的大小有时可能达不到设计的要求，这时就可以利用切片辅助线对其大小进行调整。其方法为：将鼠标指针移至需要调整大小的切片对象的辅助线上，当鼠标指针变为"⇵"形状时，按住鼠标左键不放并拖动辅助线，即可调整切片对象的大小，如图 8-17 所示。

图 8-17　调整切片大小

3. 删除切片

切片创建完成后，可以将多余和不需要的切片进行删除。其方法为：在"图层"面板的"网页层"中选择需要删除的切片，单击该面板右下方的"删除所选"按钮，即可将选择的切片删除，如图 8-18 所示。

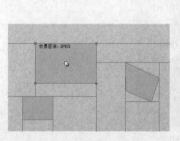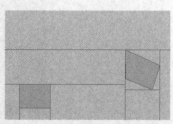

图 8-18　删除切片

8.2.4　导出切片

创建切片后，需要对其指定 URL 并对切片进行命名，再将文档导出，才能在网页中使用切片功能。

1. 为切片指定 URL

同热点对象一样，Fireworks 可以轻松地为切片指定 URL。为切片指定 URL 后，才可以在网页中单击切片区域，链接到该切片指定的地址。指定 URL 的方法为：选择要指定链接的切片，单击"属性"面板的"链接"下拉列表框右侧的下拉按钮，在弹出的下拉列表中选择已有的 URL 链接，或直接在其中输入需要的链接地址，即可为切片指定 URL，如图 8-19 所示。

图 8-19　指定 URL 地址

2. 命名切片对象

每一个切片都是一个独立的对象，且都有一个名称，在文档中可以为切片命名，以便更好地管理切片对象。其方法为：选择需要命名的切片对象，在"属性"面板的"切片"文本框中输入将要命名切片的名称即可，如图 8-20 所示。

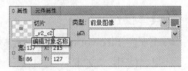

图 8-20　命名对象名称

3. 导出切片

在导出含有切片的 Fireworks 文档时，将默认导出一个 HTML 文件以及相关的图像，导出的 HTML 文件可以在 Web 浏览器中查看。

导出切片的方法为：选择需要导出的切片，选择【文件】/【导出】菜单命令，打开"导出"对话框，在"文件名"下拉列表框中输入导出的切片名称并选择保存的路径，在"导出"下拉列表框中选择"HTML 和图像"选项，在"HTML"下拉列表框中选择"导出 HTML 文件"选项，在"切片"下拉列表框中选择"导出切片"选项，选中"仅已选切片"和"包括无切片区域"复选框，单击 保存(S) 按钮，即可将选择的切片导出，如图 8-21 所示。

图 8-21　导出对话框

8.3 课堂实训——设计"小区"网页

下面通过课堂实训综合练习热点的创建与编辑、切片的创建与编辑等多个操作，本实训的效果如图 8-22 所示。

素材文件：素材\第 8 章\bj.png	效果文件：效果\第 8 章\bj.png
视频文件：视频\第 8 章\8-3.swf	操作重点：创建与编辑热点、切片

图 8-22 效果图

具体操作

1 在 Fireworks 中打开素材提供的"bj.png"文件。

2 使用"文本"工具**T**，创建"大西洋'浅水湾'梦中的天堂"文本对象，选择文本对象，利用"属性"面板将字体设置为"方正舒体简体"、字体大小设置为"30"，样式设置为如图 8-23 所示的样式。

3 选择文本对象中的"浅水湾"字符，将选中的字符大小设置为"40"，如图 8-24 所示。

图 8-23 创建并设置文本

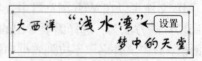

图 8-24 设置字符

4 选择整个文本，对其使用"凸起浮雕"滤镜和"投影"滤镜，如图 8-25 所示。

5 使用"文本"工具**T**，创建"小区详情"文本对象，将字体设置为"方正大标宋简体"、字体大小设置为"18"，如图 8-26 所示。

图 8-25 应用滤镜

图 8-26 创建文本

6 将创建好的两个文本对象移至打开的素材对象上，如图 8-27 所示。

7 单击"矩形热点"工具，将鼠标指针移至"小区详情"文本对象上，按住鼠标左键不放并拖动鼠标，创建一个矩形热点，如图 8-28 所示。

图 8-27　移动对象

图 8-28　创建矩形热点

8　选择"大西洋'浅水湾'梦中的天堂"文本对象，选择【编辑】/【插入】/【矩形切片】菜单命令，创建基于路径的切片，如图 8-29 所示。

图 8-29　基于路径创建切片

9　在"切片"工具上按住鼠标左键不放，在弹出的下拉列表中选择"多边形切片"工具，在如图 8-30 所示的位置单击鼠标创建多边形切片的起点，移动鼠标到下一个位置创建多边形的另外几个点，最后将鼠标移至起点位置，单击鼠标闭合多边形，完成多边形切片的创建。

图 8-30　创建多边形切片

10　选择创建的矩形热点，在"属性"面板的"链接"下拉列表框中输入"小区简介.html"链接地址，在"代替"文本框中输入"小区简介"，为热点指定链接目标，如图 8-31 所示。

图 8-31　为热点指定链接目标

11　选择基于路径创建的矩形切片，在"属性"面板的"链接"下拉列表框中输入"实景.jpg"链接地址，为切片指定链接，如图 8-32 所示。

图 8-32　为切片指定链接

12　取消选择所有对象，选择【文件】/【导出】菜单命令，打开"导出"对话框，在"保存在"列表框中选择导出路径为"效果\第8章\网页"，在"文件名"文本框中输入"小区.htm"

命名文件名称，单击 保存(S) 按钮，即可将该文档中所有的对象导出，如图 8-33 所示。

图 8-33　选择导出路径并命名文件名称

13　在保存的文件夹中双击"小区.htm"文件，在打开的浏览器中即可查看效果，如图 8-34 所示。单击图像中创建的热点和切片区域，可以跳转到指定的网页中。

图 8-34　效果图

8.4　疑难解答

1. 问：在网页中单击热点或切片对象时，为什么指定的链接没有在新的页面中打开？

答：这是因为在编辑热点或切片时，没有在热点或切片的"属性"面板中选择打开的"目标"位置所造成的。在"属性"面板的"目标"下拉列表框中选择"-blank"选项后，再将热点或切片导出，此时在 Web 中单击热点或切片，指定的链接即可在新的 Web 窗口中打开。

2. 问：设置热点或切片的链接目标时，包括了许多选项，这些选项的作用分别是什么呢？

答：链接目标指的是单击该热点或切片后，链接目标的打开方式，Fireworks 提供了 4 种打开方式，分别是"blank"、"self"、"parent"和"top"。"blank"表示以新窗口方式打开链接目标；"self"指在当前窗口中打开链接目标；"parent"主要针对框架式网页；"top"指在当前窗口中打开链接目标，与"self"方式相似。

3. 问：热点能不能在切片上使用？

答：可以。当创建了一个面积较大的切片时，只想将其中的一小部分作为一个动作触发器，便可以在该切片上创建一个热点来解决这个问题，如图 8-35 所示。需要注意的是，创建的热点不可以覆盖多个切片对象，否则会产生无法预知的行为。

图　8-35 在切片上创建热点

4. 问：能不能使多边形切片的形状完全符合矢量对象的形状？

答：能。方法为：首先选择用于创建多边形切片的矢量对象，选择【编辑】/【插入】/【热点】菜单命令，根据矢量形状创建热点，再选择【编辑】/【插入】/【多边形切片】菜单命令，即可将热点转换为多边形切片。使用这种方法，可以很好地创建曲线切片，如图 8-36 所示。

图 8-36　将热点转换为切片

8.5　课后练习

1. 自定义创建一个矩形对象，在该对象上创建"矩形"热点、"圆形"热点以及"多边形"热点，并对"多边形"热点指定链接地址，链接地址自定义（效果\第 8 章\课后练习\redian.png），如图 8-37 所示。

2. 导入素材提供的"yu.jpg"文件（素材\第 8 章\课后练习\yu.jpg），使用"切片"工具创建矩形切片，并为切片自定义指定链接地址（效果\第 8 章\课后练习\yu.png），如图 8-38 所示。

3. 打开素材提供的"sanya.png"文件（素材\第 8 章\课后练习\sanya.png），设计"三亚指南"网页，所有链接地址自定义，并将文档导出为"三亚.htm"文档（效果\第 8 章\课后练习\三亚.htm），如图 8-39 所示。

提示：将"美丽的三亚"和"三亚国家地理"文本对象创建为切片，将"天气情况"文本对象创建为热点，并自定义对其指定链接地址。

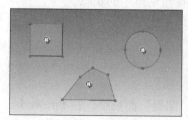

图 8-37　创建热点　　　　　图 8-38　创建切片　　　　图 8-39　设计"三亚指南"网页

第 9 章　网页按钮和弹出菜单

教学要点

在浏览网页的过程中，时常会看到许多效果漂亮的网页按钮，当将鼠标指针定位到或单击这些按钮时，会自动弹出下拉菜单，以便访问者可以单击其他的超链接来访问其他页面。这些网页按钮和弹出菜单是网页导航的重要工具，在 Fireworks 中可以轻松地进行制作。本章将重点介绍网页按钮和弹出菜单的创建、编辑以及导出方法。

学习重点与难点

➤ 了解网页按钮的 4 种状态，并认识弹出菜单编辑器
➤ 熟悉并掌握网页按钮的创建与编辑方法
➤ 掌握弹出菜单的创建与编辑的方法
➤ 了解网页按钮和弹出菜单的导出方法

9.1　网页按钮

按钮是网页中常见的一种元素，它往往都以导航的功能出现在网页中。使用 Fireworks 可以将网页上的图像或文字创建为按钮，也可以在 Fireworks 中设计出具有鲜明个性化的按钮。

9.1.1　网页按钮的 4 种状态

使用 Fireworks 中的按钮编辑功能，可以快速创建出按钮。创建的按钮最多有 4 种不同的状态，这些状态表示按钮随鼠标指针的不同操作而产生的外观变化。下面将分别介绍这 4 种不同的按钮状态。

（1）弹起状态：创建按钮时默认的状态，当鼠标指针指向该状态的按钮时，此按钮状态将消失，不指向该状态按钮时，按钮呈现为弹起的状态。

（2）滑过状态：当鼠标指针指向该状态的按钮时，在不单击按钮的情况下，按钮呈现的外观状态，一般用来提示访问者此时正将鼠标指针放在该按钮上，准备下一步操作。

（3）按下状态：当鼠标指针指向该状态的按钮时，单击此按钮后显示的状态。

（4）按下时滑过状态：当鼠标指针指向该状态的按钮时，单击此按钮后，在按钮上移动鼠标时的状态。

9.1.2　创建网页按钮

使用 Fireworks 创建按钮，按钮都会以元件的形式保存在"图层"面板中。在 Fireworks 中所有的图像或文本都可以创建为按钮。下面以"新建按钮和将文本创建为按钮"为例，介绍按钮的创建方法。

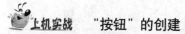 上机实战　"按钮"的创建

素材文件：素材\第 9 章\ann.jpg	效果文件：效果\第 9 章\ann.png
视频文件：视频\第 9 章\9-1.swf	操作重点：创建按钮

1　在 Fireworks 中导入素材提供的"ann.jpg"文件。

2　使用"文本"工具 T，创建"网页按钮"文本对象，利用"属性"面板，将文本对象的字体设为"方正行楷简体"、字体大小设为"25"，并将其移至导入的素材对象适合的位置，如图 9-1 所示。

图 9-1　创建文本对象

3　选择【编辑】/【插入】/【新建按钮】菜单命令，打开按钮编辑窗口，蓝色的虚线为 9 切片缩放辅助线，在"属性"面板的"状态"下拉列表框中选择"弹起"状态，如图 9-2 所示。

4　选择"椭圆"工具 ，在按钮编辑窗口创建一个椭圆，利用"属性"面板将椭圆的填充色设置为黑色，并将其渐变填充，作为按钮的外观形状，如图 9-3 所示。

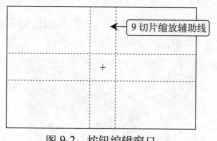

图 9-2　按钮编辑窗口

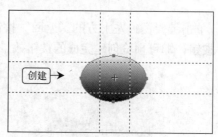

图 9-3　创建按钮

5　取消选择创建的椭圆按钮形状，在"属性"面板的"状态"下拉列表框中选择"滑过"选项，在"属性"面板的右下方单击 复制弹起时的图形 按钮，复制弹起按钮对象，选择复制的按钮对象，利用"属性"面板，对其添加"内侧光晕"滤镜，如图 9-4 所示。

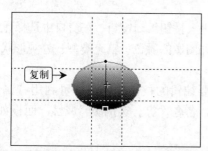

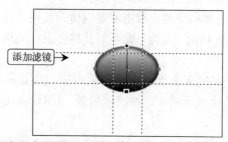

图 9-4　创建"滑过"按钮并添加滤镜

6　单击按钮编辑窗口左上方的"返回"按钮 ，返回编辑窗口，选择创建的文本对象，选择【修改】/【元件】/【转换为元件】菜单命令，打开"转换为元件"对话框，选中"按钮"单选项，单击 确定 按钮，即可将选择对象转换为按钮，如图 9-5 所示。

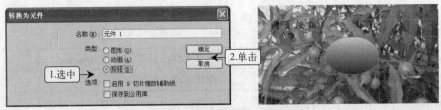

图 9-5　将对象转换为按钮

7　选择并双击转换的文本按钮对象，进入按钮编辑窗口，在"属性"面板的"状态"下拉列表框中选择"滑过"选项，在"属性"面板的右下方单击 [复制弹起时的图形] 按钮，复制弹起状态的文本按钮对象，选择复制的按钮对象，利用"属性"面板，对其添加"投影"滤镜，如图 9-6 所示。

图 9-6　创建"滑过"按钮并添加滤镜

8　单击编辑窗口左上方的"返回"按钮 ⇦，放回文档编辑窗口，单击编辑窗口左上方的 [预览] 按钮，即可预览创建完成的按钮效果，如图 9-7 所示。

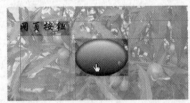

图 9-7　预览按钮效果

9.1.3　编辑网页按钮

创建的网页按钮是一种特殊的元件，它具有两种属性，分别是元件级属性和实例级属性。下面介绍这两种属性的编辑方法。

（1）元件级属性：双击需要编辑的按钮元件，进入按钮编辑窗口，在窗口中选择元件按钮对象，即可利用"属性"面板对其属性进行编辑。如图像的颜色、填充类型、外观形状、滤镜效果等。

（2）实例级属性：在文档编辑窗口中选择需要编辑的按钮实例，即可利用"属性"面板对其属性进行编辑。如滤镜效果、URL 链接、命名名称等，实例级"属性"面板如图 9-8 所示。

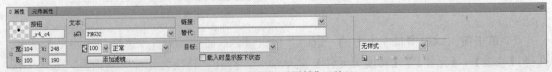

图 9-8　实例级"属性"面板

在编辑元件级按钮属性时，可以对按钮的控制范围进行编辑，其方法为：双击需要编辑的按钮元件，进入按钮编辑窗口，在"属性"面板的"状态"下拉列表框中选择"活动区域"选项，此时编辑窗口出现红色辅助线，将鼠标指针移至垂直或水平的辅助线上，拖动辅助线即可调整按钮的活动区域，如图 9-9 所示。

图 9-9　编辑按钮控制范围

9.1.4　导出网页按钮

按钮创建完成后，需要将其导出才能在 Web 中生效。导出按钮的方法与导出热点和切片的方法基本相同，方法为：选择需要导出的按钮，选择【文件】/【导出】菜单命令，打开"导出"对话框，设置导出位置和名称后，在"导出"下拉列表框中选择"HTML 和图像"选项，在"HTML"下拉列表框中选择"导出 HTML 文件"选项，在"切片"下拉列表框中选择"导出切片"选项，在"页面"下拉列表框中选择"当前页面"选项，选中"包括无切片区域"复选框，最后单击 保存(S) 按钮，完成网页按钮的导出，如图 9-10 所示。

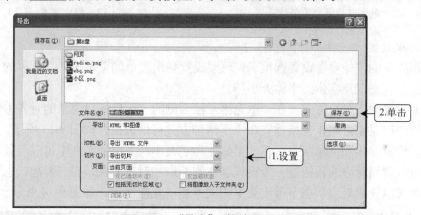

图 9-10　"导出"对话框

9.2　弹出菜单

弹出菜单是浏览网页时最常见的一种网站导航模式。下面将介绍弹出菜单编辑器、创建弹出菜单、编辑弹出菜单以及导出弹出菜单等内容。

9.2.1　认识弹出菜单编辑器

弹出菜单编辑器是 Fireworks 专为创建弹出菜单而设置的有效工具，使用它可以轻松创建出各种样式的弹出菜单。该编辑器由 4 个选项卡组成，下面分别介绍它们的作用。

1. 内容设置

在弹出菜单"内容"选项卡中，可以为弹出菜单创建子菜单，并为子菜单指定该菜单项的文本、URL 链接以及目标选项。

（1）创建子菜单：单击"内容"选项卡左上方的"添加菜单"按钮⊞，即可为弹出菜单创建子菜单。如果要删除创建的子菜单，可以选择需要删除的子菜单，单击"添加菜单"按钮⊞右侧的"删除菜单"按钮⊟，如图 9-11 所示。

（2）指定文本、链接和目标：单击"文本"栏下方对应的单元格，在弹出的文本框中可以输入菜单对应的文本；单击"链接"栏下方对应的单元格，在弹出的文本框中可以输入菜单对应的 URL 链接地址；单击"目标"栏下方对应的单元格，在弹出的下拉列表框中可以设置 URL 链接地址打开的方式，如图 9-12 所示。

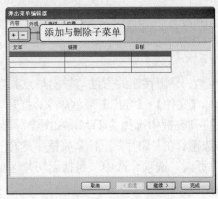

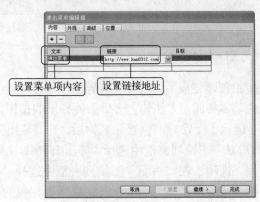

图 9-11　添加子菜单　　　　　　　图 9-12　指定文本、URL 链接

2. 外观设置

弹出菜单的"外观"设置选项卡，可以设置弹出菜单的菜单方向、菜单的"弹起"状态和"滑过"状态以及字体、字体大小等。

（1）设置弹出菜单方向：在"单元格"栏右侧的"选择弹出菜单的对齐方式"下拉列表框中选择弹出菜单方向，包括垂直和水平两种方式可供选择，如图 9-13 所示。

（2）设置字体和菜单状态：在"字体"和"大小"下拉列表框中可以设置字体外观和大小，并可以利用对应的按钮进一步设置字体的外形和对齐方式，在"弹起状态"和"滑过状态"栏中可以设置对应状态下弹出菜单的文本和单元格格式，如图 9-14 所示。

图 9-13　设置方向　　　　　　　　图 9-14　设置字体

3. 高级设置

弹出菜单的"高级"选项卡，可以设置弹出菜单每个单元格的宽度、高度、边距、间距、文字缩进、菜单延迟以及边框的显示、颜色等。

　　（1）单元格设置：在"单元格宽度"和"单元格高度"文本框中可以直接输入需要的数值来设置弹出菜单各菜单项的单元格大小；在"单元格边距"和"单元格间距"文本框中输入数值可以设置菜单项中文本与单元格的边距以及各单元格之间的间距，如图 9-15 所示。

　　（2）边框设置：选中"显示边框"复选框，可以显示弹出菜单的边框；在"边框宽度"文本框中输入相应的数字，可以设置边框的宽度；单击"边框颜色"、"阴影"和"高亮"颜色下拉按钮，在弹出的颜色面板中可以设置边框的颜色、阴影颜色和高亮颜色。

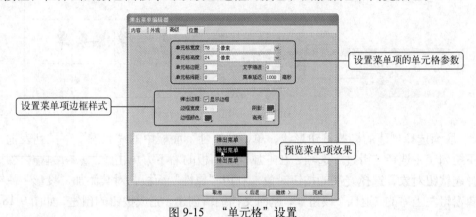

图 9-15　"单元格"设置

4. 位置设置

　　弹出菜单的"位置"选项卡，可以设置弹出菜单相对于按钮的位置。"位置"设置选项卡中预设了 4 种菜单的位置和 3 种子菜单位置，单击相应的位置按钮即可快速设置弹出菜单的位置，如图 9-16 所示。

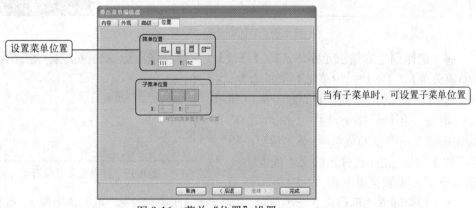

图 9-16　菜单"位置"设置

9.2.2　创建弹出菜单

　　使用 Fireworks 的弹出菜单编辑器可以快速创建出弹出菜单。下面以创建"弹出菜单"为例，介绍其创建方法。

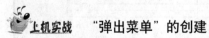 上机实战　　"弹出菜单"的创建

素材文件：素材\第 9 章\tccd.jpg	效果文件：效果\第 9 章\tccd.png
视频文件：视频\第 9 章\9-2.swf	操作重点：创建"弹出菜单"

1 在 Fireworks 中导入素材提供的 "tccd.jpg" 文件。

2 选择【编辑】/【插入】/【新建按钮】菜单命令，进入按钮编辑窗口，在"属性"面板的"状态"列表框中选择"弹出"选项，选择"文本"工具 **T**，创建"弹出菜单"文本对象按钮，如图 9-17 所示。

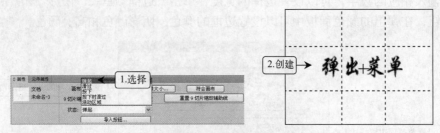

图 9-17 创建"弹起"按钮

3 取消选择创建的椭圆按钮形状，单击"属性"面板中的"状态"下拉列表框，在弹出的下拉列表中选择"滑过"选项，在"属性"面板的右下方单击 复制弹起时的图形 按钮，复制弹起按钮对象，选择复制的按钮对象，利用"属性"面板，对其添加"投影"滤镜，单击编辑窗口左上方的"返回"按钮 ↩ ，返回文档编辑创建，完成按钮的创建，如图 9-18 所示。

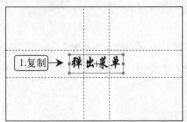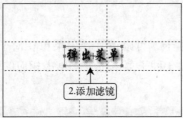

图 9-18 创建"滑过"按钮

4 选择创建的按钮元件，选择【修改】/【弹出菜单】/【添加弹出菜单】菜单命令，打开"弹出菜单编辑器"对话框，如图 9-19 所示。

5 在"内容"选项卡中单击"添加菜单"按钮 **+** 添加一个空的菜单项，单击该菜单项"文本"栏下的单元格，在弹出的文本框中输入"弹出菜单 1"，设置菜单名称，如图 9-20 所示。

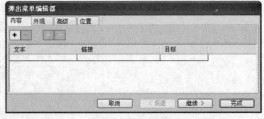

图 9-19 "弹出菜单编辑器"对话框

6 按相同方法再创建 2 个菜单项，并分别在对应的"文本"单元格中输入"弹出菜单 2"、"弹出菜单 3"，如图 9-21 所示。

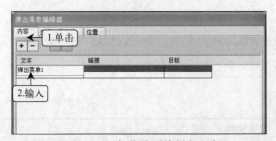

图 9-20 添加菜单项并制定文本　　　　　　图 9-21 添加菜单项

7　切换到"位置"选项卡，单击"菜单位置"下方的"将菜单位置设置到切片的底部"按钮 ，设置弹出菜单的位置，单击 完成 按钮，完成弹出菜单的创建，如图 9-22 所示。

图 9-22　设置弹出菜单位置

9.2.3　编辑弹出菜单

对已经创建完成的弹出菜单，可以随时进行编辑，其方法为：选择需要编辑的弹出菜单，选择【修改】/【弹出菜单】/【编辑弹出菜单】菜单命令，打开"弹出菜单编辑器"，按创建弹出菜单的方法，依次设置弹出菜单的内容、外观、样式和位置后，单击 完成 按钮即可完成编辑，如图 9-23 所示。

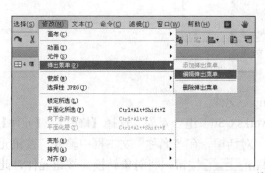

图 9-23　编辑弹出菜单

9.2.4　导出弹出菜单

弹出菜单创建完成后同样需要将其导出，才能在 Web 中生效。导出弹出菜单的方法为：选择需要导出的弹出菜单，选择【文件】/【导出】菜单命令，打开"导出"对话框，在"保存在"下拉列表框中选择需要保存的路径；在"文件名"下拉列表框中输入保存名称；在"导出"下拉列表框中选择"HTML 和图像"选项；在"HTML"下拉列表框中选择"导出 HTML文件"选项；在"切片"下拉列表框中选择"导出切片"选项；在"页面"下拉列表框中选择"当前页面"选项；选中"包括无切片区域"复选框，最后单击 保存(S) 按钮，完成弹出菜单的导出，如图 9-24 所示。

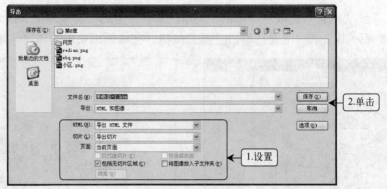

图 9-24　"导出"对话框

9.3　课堂实训——创建"Fireworks 目录"网页

下面通过课堂实训综合练习网页按钮和弹出菜单的创建、编辑以及导出等多个操作，本实训的效果如图 9-25 所示。

素材文件：素材\第 9 章\mu.png	效果文件：效果\第 9 章\mu.png
视频文件：视频\第 9 章\9-3.swf	操作重点：创建并编辑网页按钮和弹出菜单

图 9-25　效果图

🐭 **具体操作**

1　在 Fireworks 中打开素材提供的"mu.png"文件。

2　选择打开的素材文件中的"1 认识 Fireworks CS6"组合对象，选择【修改】/【元件】/【转换为元件】菜单命令，打开"转换为元件"对话框，在"名称"文本框中输入"按钮元件"，在"类型"栏中选中"按钮"单选项，单击 确定 按钮，将对象转换为按钮元件，此时按钮元件将出现在"文档库"面板中，如图 9-26 所示。

图 9-26　创建按钮元件

3　双击转换的按钮对象，进入按钮编辑窗口，使用"部分选定"工具 选择该元件中的文本对象，单击"属性"面板中的"添加动态滤镜或选择预设"下拉按钮，在弹出的下拉菜单中选择【斜角和浮雕】/【凸起浮雕】命令，对文本对象添加滤镜效果，如图 9-27 所示。

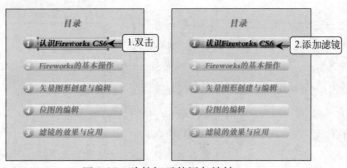

图 9-27　为按钮元件添加滤镜

4　取消选择的文本对象，单击"属性"面板中的"状态"下拉列表框，在弹出的下拉列表中选择"滑过"选项，在"属性"面板的右下方单击 复制弹起时的图形 按钮，复制弹起按钮对象，选择复制的按钮对象，利用"属性"面板，对其添加"投影"滤镜，如图 9-28 所示。

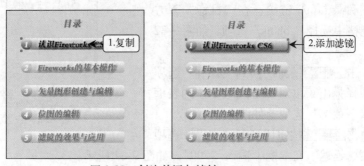

图 9-28　创建并添加滤镜

5　单击按钮编辑窗口左上方的"返回"按钮 ，完成按钮元件的编辑。

6　选择创建的按钮元件，在"属性"面板的"链接"文本框中输入"目录.htm"，为按钮指定链接地址，如图 9-29 所示。

图 9-29　指定链接地址

7　按相同方法，将"2、3、4、5"组合对象创建为按钮元件对象，并按相同方法对其进行编辑，如图 9-30 所示。

8 选择创建的"1 认识 Fireworks CS6"按钮对象，选择【修改】/【弹出菜单】/【添加弹出菜单】菜单命令，打开"弹出菜单编辑器"对话框，如图 9-31 所示。

图 9-30　创建按钮　　　　　　　图 9-31　打开"弹出菜单编辑器"对话框

9 在"内容"选项卡中单击"添加菜单"按钮 ➕，依次添加 3 个菜单项，在"文本"栏下方对应的单元格中输入"开始页"、"标题栏"、"菜单栏"文本，在"链接"栏下方对应的单元格中输入"目录.htm"链接，在"目标"下方对应的单元格中选择"-blank"选项，如图 9-32 所示。

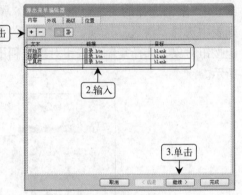

10 单击 继续 > 按钮切换到"外观"选项卡，在"选择弹出菜单对齐方式"下拉列表框中选择"水平菜单"选项，如图 9-33 所示。

11 单击 继续 > 按钮切换到"高级"选项卡，在"菜单延迟"文本框中输入"500"，如图 9-34 所示。

图 9-32　设置菜单内容

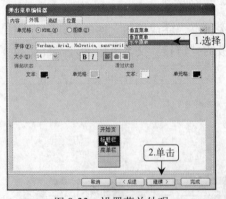

图 9-33　设置菜单外观

图 9-34　设置菜单延迟

12 单击 继续 > 按钮切换到"位置"选项卡，在"菜单位置"栏下方单击"将菜单位置设置带切片的右上部"按钮 ➡，单击 完成 按钮，完成弹出菜单的设置，如图 9-35 所示。

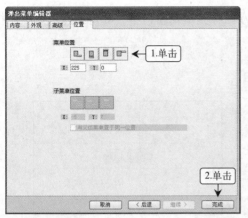

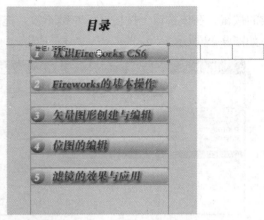

图 9-35　设置菜单位置

13 取消选择所有对象，选择【文件】/【导出】菜单命令，打开"导出"对话框，按如图 9-36 所示设置导出参数，单击 保存(S) 按钮完成操作。

14 双击导出后的"Fireworks.htm"文件，在打开的浏览器窗口中即可查看设置的网页按钮和弹出菜单效果，如图 9-37 所示。

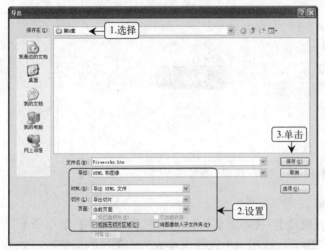

图 9-36　导出创建完成的网页按钮和弹出菜单　　　　　图 9-37　效果图

9.4　疑难解答

1. 问：如何创建 Fireworks 中预设的按钮？

答：选择【编辑】/【插入】/【新建按钮】菜单命令，进入按钮编辑窗口，在"属性"面板中单击"导入按钮"按钮，打开"导入元件：按钮"对话框，在其中选择需要导入的按钮选项，单击 导入 按钮，即可将选择的按钮导入，如图 9-38 所示。

2. 问：Fireworks 除了"导入元件：按钮"对话框中的按钮外，还有没有其他预设的按钮？

答：有，选择【窗口】/【公用库】菜单命令，打开"公用库"面板，在该面板中选择"按钮"文件夹并双击该文件夹，此时文件夹中的按钮类型将会出现在"公用库"面板中，选择需要的按钮，在该按钮上按住鼠标左键不放，拖动鼠标到编辑窗口中，即可创建该形状的按钮，如图 9-39 所示。

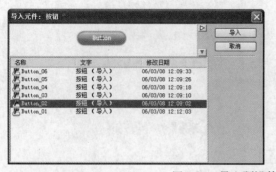
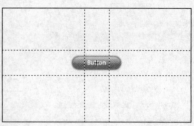

图 9-38　导入预设的按钮

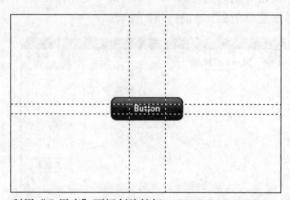

图 9-39　利用"公用库"面板创建按钮

3. 问：如何将弹出菜单的菜单项修改为子菜单？

答：选择创建的弹出菜单，选择【修改】/【弹出菜单】/【编辑弹出菜单】菜单命令，打开"弹出菜单编辑器"对话框，在"内容"选项卡中选择需要成为子菜单的菜单项，单击"缩进菜单"按钮，即可将选择的菜单项更改为弹出菜单的子菜单，如图 9-40 所示。

图 9-40　将菜单项更改为子菜单

9.5 课后练习

1. 自定义创建一个矢量图形，并在该图形上创建网页按钮，网页按钮的链接地址自定义。

2. 在上题的基础上，创建一个弹出菜单，菜单项设置为 3 个，链接地址自定义，并将其导出。

3. 打开素材提供的"moshou.png"文件（素材\第 9 章\课后练习\moshou.png），创建"我的魔兽人生"网页按钮，自定义链接地址，并将文档导出为"moshou.htm"文档（效果\第 9 章\课后练习\moshou.htm），效果如图 9-41 所示。

图 9-41 效果图

提示：首先使用"文本"工具 **T** 创建"开始阅读"文本对象，再使用"圆角矩形"工具 ▭ 创建一个圆角矩形，将文本对象移至圆角矩形上，合并成一个对象，最后将合并的对象和"简介"文本对象转化为按钮。

第 10 章　初识动画的创建与编辑

 教学要点

　　动画凭借自身生动活泼的特性，越来越成为不可或缺的网页元素之一，它不仅能丰富网页内容，还能吸引访问者，增加网站访问量，减少网页单调的现象。使用 Fireworks 可以非常轻松地制作出符合网页特色的各种动画效果，本章将详细介绍这些知识，主要包括动画元件的创建、编辑，动画状态的管理，补间动画的创建，以及动画的预览、优化和导出等内容。

 学习重点与难点

➤ 掌握动画元件的创建和编辑
➤ 熟悉动画状态的管理
➤ 了解洋葱皮技术和补间动画的创建
➤ 熟悉动画的预览操作
➤ 掌握动画的基本优化方法
➤ 熟悉导出动画的操作

10.1　创建动画

　　Fireworks 中的动画元件是创建动画的关键，下面将详细介绍使用动画元件创建与编辑动画的方法，以及动画状态的管理、洋葱皮动画技术和补间动画的创建方法。

10.1.1　创建动画元件

　　动画元件的创建过程，概括来讲就是元件的创建、动画的设置两大环节。下面以创建"滚动的锥体"动画为例，介绍创建动画元件的方法。

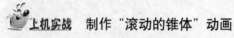 制作"滚动的锥体"动画

素材文件：素材\第 10 章\gddzt.png	效果文件：效果\第 10 章\gddzt.png
视频文件：视频\第 10 章\10-1.swf	操作重点：动画元件的创建、动画的设置

　　1 打开素材提供的"gddzt.png"文件，选择其中的红色锥体对象，然后选择【修改】/【元件】/【转换为元件】菜单命令，如图 10-1 所示。

　　2 打开"转换为元件"对话框，在"名称"文本框中输入"锥体"，选中"类型"栏中的"动画"单选项，单击 确定 按钮，如图 10-2 所示。

　　3 打开"动画"对话框，分别将"状态"、"移动"和"旋转"文本框中的数值设置为"20"、"200"和"1080"，单击 确定 按钮，如图 10-3 所示。

图 10-1 转换元件

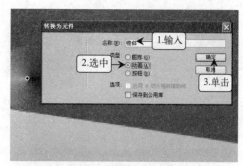

图 10-2 设置动画元件

4 打开提示对话框，单击 确定 按钮，如图 10-4 所示。

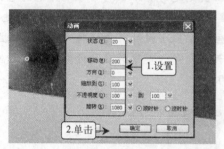

图 10-3 设置动画

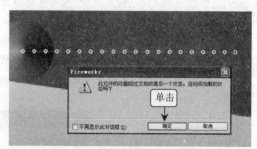

图 10-4 确认操作

5 此时锥体上将显示动画路径，拖动路径上的红色控制点，调整动画移动的距离和方向，如图 10-5 所示。

6 选择文档中的绿地对象，再次选择【修改】/【元件】/【转换为元件】菜单命令，如图 10-6 所示。

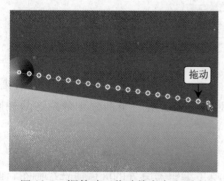

图 10-5 调整动画移动的方向和距离

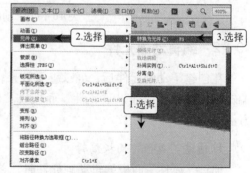

图 10-6 转换元件

7 打开"转换为元件"对话框，在"名称"文本框中输入"绿地"，选中"类型"栏中的"动画"单选项，单击 确定 按钮，如图 10-7 所示。

8 打开"动画"对话框，将"状态"文本框中的数值设置为与锥体动画状态相同的数值"20"，单击 确定 按钮，如图 10-8 所示。

9 完成设置后，单击状态栏上的"播放/停止"按钮 ▷ 即可查看动画效果，如图 10-9 所示。

图 10-7 设置动画元件

图 10-8　设置动画　　　　　　　　　　图 10-9　查看动画效果

虽然该实例中呈现动画状态的只有锥体，但实例还为静止状态的绿地对象创建了动画，且状态与锥体保持一致。这是因为锥体的状态中只有第 1 帧才出现了绿地，如果绿地没有对应的动画状态，则播放动画时除第 1 帧外，文档将只显示锥体效果，就不会显示绿地对象。创建动画时，"动画"对话框中的参数设置是呈现动画效果的关键，其中各参数的作用如图 10-10 所示。

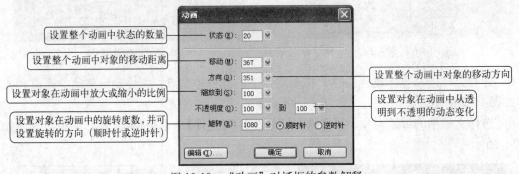

图 10-10　"动画"对话框的参数解释

10.1.2　编辑动画元件

在创建了动画元件后，可以查看效果，然后对不满意的地方进行编辑修改。一般来讲，编辑动画元件可以通过"属性"面板或"动画"对话框来实现，下面分别介绍这两种操作方法。

1. 通过"属性"面板编辑

通过"属性"面板编辑动画元件时，首先需要单击编辑器以外的区域或选择画布，此时可以在"属性"面板的"状态"下拉列表框中选择"状态 2"上方的空白选项，然后便可选择需要修改的动画元件，并在"属性"面板中设置动画参数，如图 10-11 所示。各参数的作用与"动画"对话框中对应参数的作用相同。

图 10-11　"属性"面板中的动画参数

2. 通过"动画"对话框编辑

"属性"面板无法设置动画的移动距离和方向，当需要设置这些参数时，便可通过"动画"对话框来编辑。选择需设置动画的元件，然后选择【修改】/【动画】/【设置】菜单命令，在打开的"动画"对话框中修改即可，如图 10-12 所示。

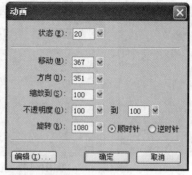

图 10-12 "动画"对话框中的动画参数

 使用"动画"对话框重新编辑动画效果时，同样需要先利用"属性"面板来选择"状态 2"上方的空白选项，否则无法选择动画元件对象。

10.1.3 状态管理

创建动画后，可以随时对动画元件的状态进行管理，使动画效果达到让人更满意的程度，下面将对"状态"面板、管理动画状态以及洋葱皮技术的相关知识进行介绍。

1. 认识"状态"面板

选择【窗口】/【状态】菜单命令后即可打开"状态"面板，如图 10-13 所示。利用该面板可以查看动画的不同状态，并可以对动画进行各种设置。

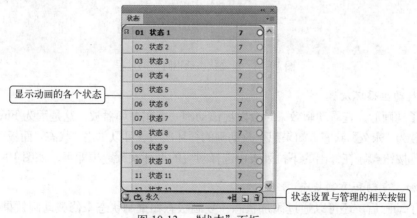

图 10-13 "状态"面板

 使用率较高的面板 Fireworks 都为其设置了对应的快捷键，记住这些快捷键可以更方便地显示和隐藏面板，如按【Ctrl+Alt+K】键即可显示和隐藏"状态"面板。

2. 重命名动画状态

当动画涉及的状态较多时，可以对状态名称进行编辑，以便更好地管理和查看这些状态。重命名动画状态的方法为：双击需重命名的状态选项，此时该状态名称将处于可编辑状态，输入需要的名称后按【Enter】键或单击其他位置即可确认重命名操作，如图 10-14 所示。

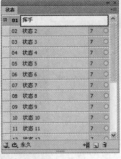

图 10-14　重命名状态名称的过程

3. 设置状态延迟时间

不同的动画，每个状态的显示时间是可以不同的，这样便能创造出更多的动画效果。利用"状态"面板可以很方便地对状态延迟时间，即显示时间进行设置。双击需设置状态延迟时间对应的状态选项右侧的数字，弹出"状态延迟"面板，在其中的文本框中输入需要的延迟时间，数字越大，延迟时间越长，确认后按【Enter】键或单击其他位置即可，如图 10-15 所示。

图 10-15　设置状态延迟时间的过程

4. 控制动画循环次数

创建了动画后，查看动画效果时会发现该动画一直在循环播放，这是因为 Fireworks 预设的循环次数为"永久"状态，如果想更改动画的循环次数，可以单击"状态"面板下方的"GIF动画循环"按钮，在弹出的下拉列表中选择对应的循环次数选项即可，如图 10-16 所示。

5. 添加、复制和重制状态

创建了动画后，还可以通过添加状态、复制状态和重制状态来修整动画效果，使整个动画显得更加自然、逼真。

（1）添加状态：在觉得动画未显示完所有内容时，可以通过添加状态的方法新建状态，并重新创建需要的内容来修整动画效果。在"状态"面板中的任意状态选项上单击鼠标右键，在弹出的快捷菜单中选择"添加状态"命令，打开"添加状态"对话框，在其中可以设置添加的状态数量和位置，完成后单击 确定 按钮即可，如图 10-17 所示。

图 10-16 设置动画循环播放的次数　　　　图 10-17 添加状态

 直接单击"状态"面板右下角的"新建/重制状态"按钮，可以在当前动画最后的状态后面添加新的状态。

（2）复制状态：复制状态可以应用于状态的名称、延迟时间等属性，但无法复制状态中的内容。将需复制的状态拖动到"状态"面板下方的"新建/重制状态"按钮即可。

（3）重制状态：重制状态与复制状态不同，不仅可以应用于状态的名称、延迟时间，还能应用于状态对应的动画内容。在"状态"面板中的任意状态选项上单击鼠标右键，在弹出的快捷菜单中选择"重制状态"命令，打开"重制状态"对话框，在其中可以设置重制的状态数量和位置，完成后单击 确定 按钮即可，如图 10-18 所示。

 "状态"面板下方的"分散到状态"按钮，可以将不同的对象均匀分散到不同的状态中，进而形成动画，补间动画时会使用到此功能。

6. 使用洋葱皮技术

Fireworks 中，洋葱皮技术可以非常自主地查看需要的状态内容，跳过不需要的其他状态，节省动画编辑的时间。洋葱皮技术的使用方法为：单击"状态"面板左下角的"洋葱皮"按钮，在弹出的下拉菜单中选择相应的命令即可，如图 10-19 所示为选择了"显示前后状态"命令后，再选择所查看状态的效果。

图 10-18 重制状态图　　　　10-19 使用洋葱皮查看状态

 除了直接使用提供的洋葱皮菜单命令外，还可通过单击状态名称左侧的方格来控制显示的状态数量。

10.1.4 创建补间动画

补间动画又称为渐变动画、中间状态动画，这类动画只需要创建起始和结束的内容，便能自动生成中间的动画，不仅节约了动画的制作时间，也能使动画的效果更加丰富和复杂。下面以创建"发光的羽毛"动画为例，介绍补间动画的创建方法。

上机实战 制作"发光的羽毛"动画

素材文件：素材\第 10 章\fgdym.png	效果文件：效果\第 10 章\fgdym.png
视频文件：视频\第 10 章\10-2.swf	操作重点：补间动画的创建

1 打开素材提供的"fgdym.png"文件，选择其中的羽毛对象，按【F8】键打开"转换为元件"对话框，在"名称"文本框中输入"羽毛"，选中"图形"单选项，单击 确定 按钮，如图 10-20 所示。

2 利用【Alt】键将创建的元件复制出两个，并移动到如图 10-21 所示的位置。

3 通过"缩放"工具 将复制出来的两个对象进行适当缩放和旋转，形成整个动画中的中间效果和最终效果，如图 10-22 所示。

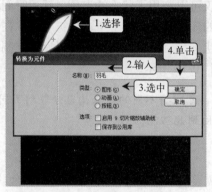

图 10-20 转换为元件

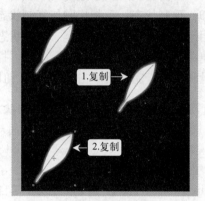

图 10-21 复制元件

4 同时选择 3 个对象，然后选择【修改】/【元件】/【补间实例】菜单命令，如图 10-23 所示。

图 10-22 调整对象

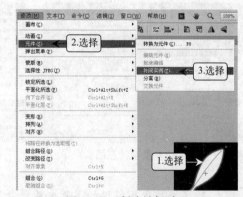

图 10-23 创建补间动画

5 打开"补间实例"对话框，在"步骤"文本框中输入"10"，设置每两个对象间形成的状态数量，选中"分散到状态"复选框，单击 确定 按钮，如图 10-24 所示。

6 完成补间动画的创建，单击状态栏中的"播放/停止"按钮 ▷ 即可查看动画效果，如图 10-25 所示。

图 10-24　设置补间实例

图 10-25　补间动画的效果

10.2　预览动画

在创建动画元件和补间动画时，都涉及了查看动画效果，即预览动画的操作，下面将详细介绍预览并控制动画的播放的操作。

创建动画后，在文档编辑器的"原始"状态或"预览"状态下，都可以利用状态栏中的动画状态控制条来预览动画，如图 10-26 所示。其中各按钮的作用分别如下。

|◀　▷　▶|　21　◀|　|▶

图 10-26　动画状态控制条

- |◀ （第一个状态）按钮：单击该按钮，可以查看当前动画第一个状态对应的内容。
- ▷ （播放）按钮：单击该按钮，可以播放当前动画，此时该按钮将变为"停止"按钮■，单击"停止"按钮■可停止动画的播放。
- ▶| （最后一个状态）按钮：单击该按钮，可以查看当前动画最后一个状态对应的内容。
- ◀| （上一个状态）按钮：单击该按钮，可以查看当前状态的上一个状态对应的内容。
- |▶ （下一个状态）按钮：单击该按钮，可以查看当前状态的下一个状态对应的内容。

10.3　优化与导出动画

在动画制作好之后，需要对动画进行适当的优化操作，以达到提升动画质量、提高下载速度、减少动画体积等目的，然后才能将动画导出。

10.3.1　优化动画

可以利用"优化"面板优化动画，选择【窗口】/【优化】菜单命令即可打开该面板，如图 10-27 所示。其中各参数的作用分别如下。

- "保存的设置"下拉列表框：在其中可以选择动画的保存类型，如图 10-28 所示。
- "导出文件格式"下拉列表框：在其中可以选择动画文件的导出格式，如图 10-29 所示。
- "色板"颜色下拉按钮：单击该下拉按钮，可以在弹出的下拉列表中设置画布导出后的颜色。

"保存的设置"下拉列表框

"导出文件格式"下拉列表框

"索引调色板"下拉列表框

"透明效果类型"下拉列表框

图 10-27　"优化"面板

- "索引调色板"下拉列表框：在其中可以选择相应的选项，得到对应的调色板内容，以便对其他参数的颜色进行设置，如图 10-30 所示。

图 10-28　选择保存类型　　　　图 10-29　选择导出格式　　　　图 10-30　选择索引调色板

- "颜色"下拉列表框：在其中可设置当前动画文件中包含的最大颜色数量。
- "失真"文本框：通过输入数值或拖动右侧的滑块，可在损失文件质量的前提下，压缩 GIF 文件。
- "抖动"下拉列表框：通过设置动画播放时的抖动总量来控制动画的效果。
- "透明效果类型"下拉列表框：在其中可以设置在 Web 浏览器中显示为透明的颜色。

10.3.2　导出动画

导出动画可以通过以下常用的两种方式来实现。

（1）"导出"命令：选择【文件】/【导出】菜单命令，在打开的对话框中设置动画的名称和保存地址，其中动画文件的扩展名为".gif"，如图 10-31 所示。完成后单击 保存(S) 按钮即可。

图 10-31　导出动画

（2）导出向导：选择动画文件后，选择【文件】/【导出向导】菜单命令，此时将打开"导出向导"对话框，根据向导的提示，选择导出目标和类型后，即可打开"图像预览"对话框，在其中即可设置并导出动画，如图 10-32 所示。

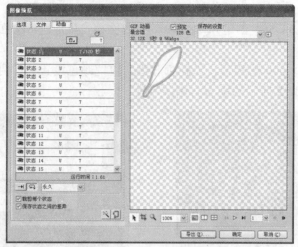

图 10-32　"图像预览"对话框

"图像预览"对话框中可以更好地对动画文件进行设置和编辑，其中部分参数的作用将在后面的"上机实训"栏目体现，这里不再单独介绍。

10.4　课堂实训——制作"梦想风车"动画

下面通过课堂实训制作"梦想风车"动画复习动画元件的创建、补间动画的创建、动画的预览、优化和导出等操作。本实训的效果如图 10-33 所示。

图 10-33　"梦想风车"动画效果图

素材文件：无	效果文件：相关\第 10 章\mxfc.gif
视频文件：视频\第 10 章\10-3.swf	操作重点：创建动画元件、补间动画，优化动画

🖱 **具体操作**

（1）创建动画背景

动画背景包括两部分，首先利用补间动画创建多个矩形条，然后利用钢笔工具创建山坡。

1 启动 Fireworks CS6，创建 800×600 的空白文档，并将画布颜色设置为如图 10-34 所示的颜色。

2 绘制一个 20×600 的矩形，无轮廓颜色，边框颜色设置为"白色"，透明度设置为"10"，放置到如图 10-35 所示的画布右侧。

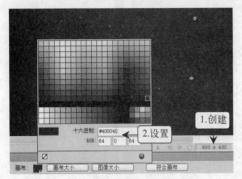

图 10-34　新建文档

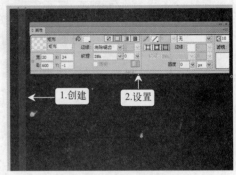

图 10-35　创建矩形

3 选择矩形，按【F8】键打开"转换为元件"对话框，在"名称"文本框中输入"矩形"，选中"图形"单选项，单击 确定 按钮，如图 10-36 所示。

4 利用【Alt】键复制矩形元件，并水平移动到画布右侧，如图 10-37 所示。

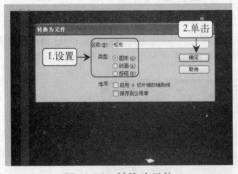

图 10-36　转换为元件

图 10-37　复制元件

5 同时选择两个元件，然后选择【修改】/【元件】/【补间实例】菜单命令，打开"补间实例"对话框，在"步骤"文本框中输入"18"，取消选中"分散到状态"复选框，单击 确定 按钮，如图 10-38 所示。

6 利用"钢笔"工具绘制如图 10-39 所示的图形，作为背景的山坡图形。

7 将山坡图形的透明度设置为"10"，然后框选山坡图形和所有矩形条，按【Ctrl+G】键组合成一个对象，如图 10-40 所示。

8 选择组合的对象，按【F8】键打开"转换为元件"对话框，在"名称"文本框中输入"背景"，选中"类型"栏中的"动画"单选项，单击 确定 按钮，如图 10-41 所示。

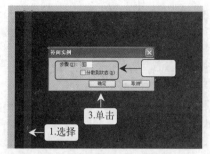

图 10-38　创建补间实例

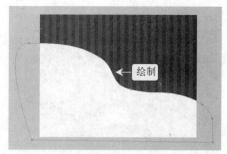

图 10-39　绘制图形

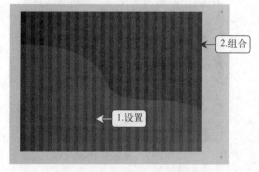

图 10-40　组合对象

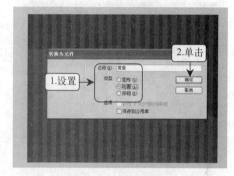

图 10-41　转换为动画

9　打开"动画"对话框，将状态设置为"20"，单击 确定 按钮，如图 10-42 所示。

10　打开提示对话框，单击 确定 按钮，如图 10-43 所示。

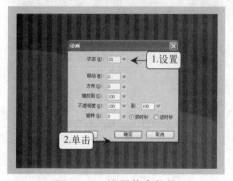

图 10-42　设置状态数量

图 10-43　确认操作

（2）创建风车动画

风车动画将通过动画元件的创建与编辑来制作。

1　利用"多边形"工具创建三角形，并利用"部分选定"工具调整形状，如图 10-44 所示。

2　复制三角形，将其依次进行垂直翻转和水平翻转，然后移动到如图 10-45 所示的位置。

3　同时选择两个三角形，复制后利用"旋转"工具进行旋转，并放置到如图 10-46 所示的位置。

4　同时选择 4 个三角形，进行复制后利用"旋转"工具进行旋转，并放置到如图 10-47 所示的位置。

图 10-44　绘制图形

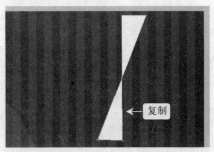

图 10-45　复制图形

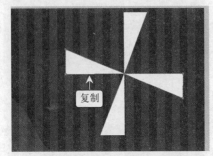

图 10-46　复制并旋转图形

图 10-47　复制并旋转图形

5　为多个三角形填充不同的颜色，参考效果如图 10-48 所示。

6　组合多个三角形，将其转换为动画元件，并按如图 10-49 所示设置名称。

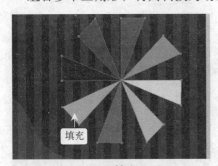

图 10-48　填充图形

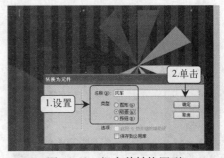

图 10-49　组合并转换图形

7　打开"动画"对话框，分别将"状态"和"旋转"文本框中的数值设置为"20"和"720"，单击 确定 按钮，如图 10-50 所示。

8　利用状态栏上的动画控制条预览动画，然后选择动画对象，选择【修改】/【元件】/【编辑元件】菜单命令，如图 10-51 所示。

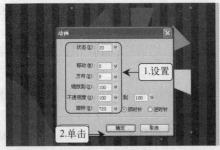

图 10-50　设置动画参数

图 10-51　编辑动画元件

9 进入动画元件编辑状态，为该元件添加光晕滤镜，滤镜参数按照如图 10-52 所示进行设置。

10 双击画布其他区域退出动画元件编辑状态，再次预览动画，如图 10-53 所示。

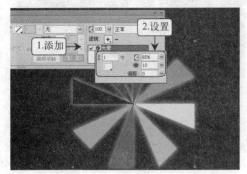

图 10-52　添加滤镜

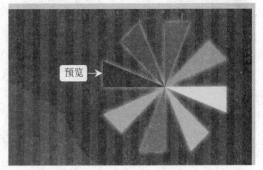

图 10-53　预览动画

（3）创建文字动画

文字动画将通过把文本转换为动画元件来制作。

1 使用"文本"工具输入文本，并将文本设置为需要的格式，如图 10-54 所示。

2 为文本添加"投影"滤镜，参数按照如图 10-55 所示设置。

图 10-54　输入并设置文本

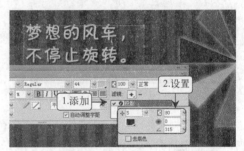

图 10-55　添加"投影"滤镜

3 为文本添加"光晕"滤镜，参数按照如图 10-56 所示设置。

4 选择文本，按【F8】键将其转换为动画元件，如图 10-57 所示。

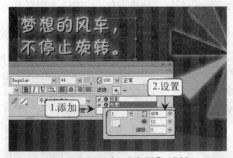

图 10-56　添加"光晕"滤镜

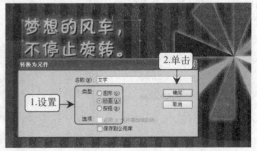

图 10-57　转换为元件

5 打开"动画"对话框，将状态和不透明度分别设置为"20"和"0~100"，单击 确定 按钮，如图 10-58 所示。

6 完成动画的创建，预览动画效果，如图 10-59 所示。

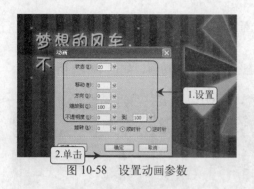

图 10-58　设置动画参数

图 10-59　预览动画效果

（4）优化并导出动画

创建并预览动画后，下面便将对动画进行优化和导出。

1 取消选择画布中的任意对象，然后选择【文件】/【导出向导】菜单命令，打开"导出向导"对话框，选中"选择导出格式"单选项，单击 继续(C) 按钮，如图 10-60 所示。

2 在打开的对话框中选中"GIF 动画"单选项，单击 继续(C) 按钮，如图 10-61 所示。

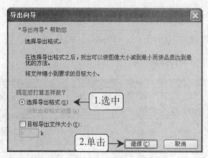

图 10-60　设置导出目的

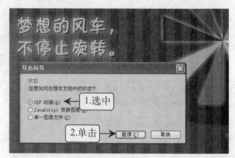

图 10-61　设置导出类型

3 打开"图像预览"对话框，在"颜色"下拉列表框中选择"64"选项，将动画文件的颜色数量控制在 64 以内，如图 10-62 所示。

4 拖动对话框右侧的预览区，显示出风车对象，然后单击预览区下方的"播放"按钮 ▷ 随时预览优化后的动画效果，如图 10-63 所示。

5 在预览区下方的"显示比例"下拉列表框中选择"50%"选项，然后单击左侧的"导出区域"按钮 ，在预览区中拖动控制点调整导出区域的对象，如图 10-64 所示。

图 10-62　设置颜色数量

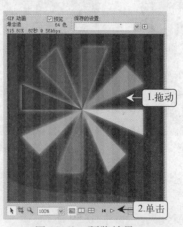

图 10-63　预览效果

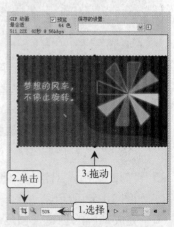

图 10-64　设置导出区域

6　单击"图像预览"对话框上方的"动画"选项卡，利用【Shift】键选择列表框中的所有状态选项，然后在上方的"延迟"文本框中输入"5"，统一调整各状态的延迟时间，如图 10-65 所示。

7　在预览区下方的"显示比例"下拉列表框中重新选择"100%"选项，然后再次预览动画效果，确认无误后单击 导出(E)... 按钮，如图 10-66 所示。

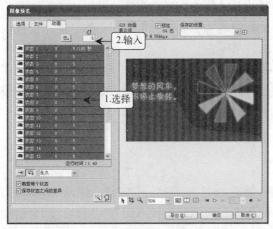

图 10-65　设置状态延迟时间

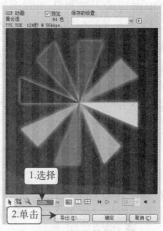

图 10-66　预览并导出动画

8　打开"导出"对话框，在"文件名"下拉列表框中输入"mxfc.gif"，在"保存在"下拉列表框中选择保存的位置，然后单击 保存(S) 按钮，如图 10-67 所示。

9　打开保存的 gif 动画文件，在打开的窗口中即可查看动画效果，如图 10-68 所示。

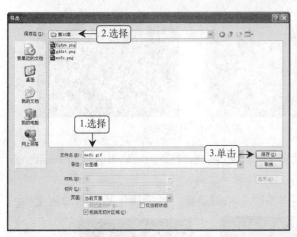

图 10-67　设置动画导出名称和位置

图 10-68　查看动画文件效果

10.5　疑难解答

1. 问：画布中包含多个动画时，怎么删除那些错误或无用的动画呢？

答：首先利用"状态"面板中的"状态 1"选项选择对应的动画，然后选择【修改】/【动画】/【删除动画】菜单命令即可。

2. 问：动画中的各种状态次序可以调整吗？

答：可以。在"状态"面板中选择需调整次序的状态选项，然后拖动该选项至目标位置即可。

3. 问：状态可以删除吗？删除后对动画有什么影响？

答：可以删除。选择状态对应的选项后，单击"状态"面板下方的"删除状态"按钮 ，或在状态上单击鼠标右键，在弹出的快捷菜单中选择"删除状态"命令即可。删除状态后，该状态中对应的内容将从动画中消失，而动画的其他状态同样存在。

4. 问：在 Fireworks 中创建的动画文件大部分是为了放在网页中使用的，能不能在创建了动画后，马上就可以看到该动画在网页中的效果呢？

答：当然可以。创建好动画后，直接选择【文件】/【在浏览器中预览】菜单命令，在弹出的子菜单中选择对应的浏览器命令，然后在打开的窗口中即可看到该动画在网页中的播放效果了。

10.6 课后练习

1. 制作如图 10-69 所示的旋转花朵的动画（效果文件：效果\第 10 章\课后练习\flower.png）。

提示：使用"椭圆"工具绘制图形，外侧花瓣和内侧花蕊按不同方向旋转（即两个动画元件）。

2. 制作如图 10-70 所示的月亮升起的动画（素材文件：素材\第 10 章\课后练习\moon.jpg；效果文件：效果\第 10 章\课后练习\moon.png）。

提示：创建黑色画布，导入位图，设置逐渐透明的动画。绘制月亮，创建从透明到不透明，从小到大的补间动画。

图 10-69 旋转的花朵　　　　　　　　　图 10-70 月亮升起

3. 制作如图 10-71 所示的变化的彩灯动画（素材文件：素材\第 10 章\课后练习\heart.jpg；效果文件：效果\第 10 章\课后练习\heart.gif）。

提示：打开位图，通过重制状态手动创建不同色相的动画，然后优化并导出动画文件。

 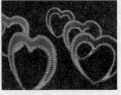 

图 10-71 变化的彩灯

第 11 章　图像的优化与导出

教学要点

　　图像的优化和导出，一般是网页图像制作的最后程序，也是必不可少的环节。通过对图像进行优化，可以在确保图像品质的前提下，减少图像自身的体积，增加图像在网页中的下载速度。优化完成后，才会导出最终的成品。本章将重点介绍优化图像和导出图像的方法。

学习重点与难点

➤ 熟悉通过向导优化图像的方法
➤ 掌握使用"优化"面板优化图像的操作
➤ 掌握在"图像预览"对话框中优化图像的方法

11.1　优化图像

　　对于网页中的图像，像素和颜色是它们最重要的组成部分。图像中的颜色越多，其内容包含得也就越多，图像的大小也就越大，所以对图像的优化就是将这些内容进行压缩，以保证图像品质不受影响的情况下，减小文件体积，增加下载速度。下面将分别介绍使用向导优化图像、应用"优化"面板、预览并优化图像以及不同格式文件的优化的操作。

11.1.1　通过向导优化图像

　　在对图像进行优化时，对图像的布局不是很清楚的情况下，可以使用"导出向导"对话框对图像进行优化。导出向导会引导完成所有的优化和导出过程，并会对优化设置和导出的文件类型提出建议。使用"导出向导"优化图像的方法为：选择【文件】/【导出向导】菜单命令，打开"导出向导"对话框，选中"目标导出文件大小"复选框，在其下方的文本框中输入数字，可以设置文件优化后的目标大小，如图 11-1 所示。

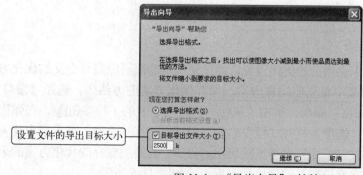

图 11-1　"导出向导"对话框

单击 继续© 按钮后,在打开的对话框中可以设置导出目标,选中"网站"或"Dreamweaver"单选项,文件将会以 DIF 或 JPEG 格式输出;选中其他单选项,文件将会以 TIFF 格式输出。Fireworks 默认的是"网站"单选项,如图 11-2 所示。单击 继续© 按钮后,将打开"分析结果"对话框,该对话框会提出一个适合的优化方案,如图 11-3 所示。

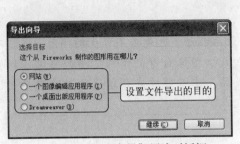

图 11-2 "导出向导"用途对话框

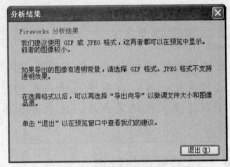

图 11-3 "分析结果"对话框

单击 退出® 按钮后,将打开"图像预览"对话框,其中的优化参数都是 Fireworks 推荐的参数,在对话框右侧分别显示导出为 GIF 和 JPEG 格式的预览图像,选择适合的优化方案后,单击 导出®... 按钮,即可将优化后的对象导出。"图像预览"对话框如图 11-4 所示。

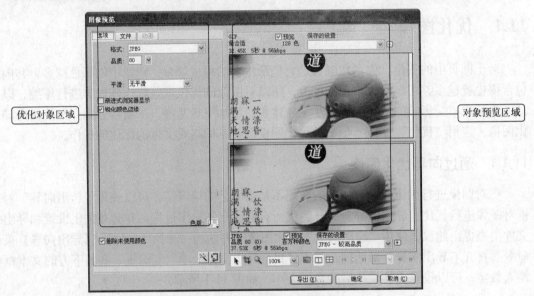

图 11-4 "图像预览"对话框

11.1.2 优化面板的应用

使用"优化"面板可以保存当前的优化设置,通过使用该功能可以将自定义的优化方案保存起来,方便在其他的图像中重复使用该方案。保存优化方案的方法为:选择【窗口】/【优化】菜单命令,打开"优化"面板,单击"优化"面板右上方的下拉按钮,在弹出的下拉列表中选择"保存设置"选项,打开"预设名称"对话框,在"名称"文本框中输入保存方案的名称,单击 确定 按钮,即可保存当前优化的方案。此时被保存的优化方案的名称将会出现在"优化"面板"方案设置"的下拉列表框中,如图 11-5 所示。

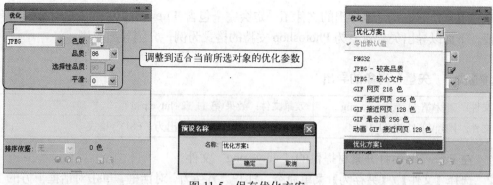

图 11-5 保存优化方案

11.1.3 预览并优化图像

在 Fireworks 中除了可以使用导出导向优化图像外，还可以直接使用"图像预览"对话框对图像进行优化处理。

选择【文件】/【图像预览】菜单命令，打开"图像预览"对话框，在"选项"选项卡的"格式"下拉列表框中可以选择导出的文件格式，在对话框右方的预览区域会显示该格式下优化后图像的品质、图像的大小以及下载该图像时的速度。单击对话框左下角的"启动'导出向导'以帮助你"按钮 ，可以帮助完成优化，单击 导出(E)... 按钮，可以导出优化后的对象。"图像预览"对话框如图 11-6 所示。

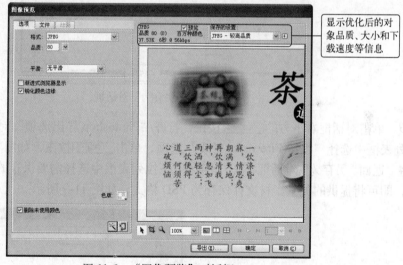

图 11-6 "图像预览"对话框

11.2 导出图像

对文档或图像进行优化后，就可以将其从 Fireworks 中导出并保存了。在 Fireworks 中，可以将文档导出为 GIF、JPEG 或其他格式的文件。

11.2.1 导出矢量对象

Fireworks 不仅可以将图像导出为位图形式，还可以将文档的矢量对象导出为其他矢量应用程序中可操作的格式，但导出的文件不一定会完全包含 Fireworks 中的矢量对象的所有属性特征。下面以导出矢量对象为 Photoshop 支持的格式为例，介绍导出方法。

上机实战　"矢量"对象的导出

素材文件：素材\第 11 章\shuye.png	效果文件：效果\第 11 章\shuye.psd
视频文件：视频\第 11 章\11-1.swf	操作重点：将矢量对象导出为"PSD"格式

1 在 Firework 中打开素材提供的"shuye.png"文件。

2 选择【文件】/【另存为】菜单命令，打开"另存为"对话框，单击对话框下方的"另存为类型"下拉列表框右侧的下拉按钮，在弹出的下拉列表中选择"Photoshop PSD"选项，如图 11-7 所示。

图 11-7 　"另存为"对话框

3 单击对话框右下方的 选项 按钮，打开"Photoshop 导出选项"对话框，在"设置"下拉列表框中选择"维持 Fireworks 外观"选项，单击 确定 按钮，如图 11-8 所示。

4 返回"另存为"对话框，在"保存在"下拉列表框中选择需要保存的路径，单击 保存(S) 按钮，即可将提供的矢量素材文件保存为 PSD 格式，如图 11-9 所示。

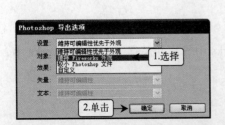

图 11-8 　"Photoshop 导出选项"对话框　　　　图 11-9 　"另存为"对话框

11.2.2　导出图层和状态

在进行文档的导出操作时，Fireworks 会默认将所有可见的图层重接起来，并导出为一个图像文件。导出的文件包括多个状态时，Fireworks 会默认将所有的状态导出为一个 GIF 图像文件。下面将介绍将图层和状态导出为多个文件的方法。

（1）将图层导出为多个文件：选择【文件】/【导出】菜单命令，打开"导出"对话框，在"导出"下拉列表框中选择"层到文件"选项，在"保存在"下拉列表框中选择需要保存文件的路径，单击 保存(S) 按钮即可，如图 11-10 所示。

图 11-10　"导出"对话框

（2）将状态导出为多个文件：选择【文件】/【导出】菜单命令，打开"导出"对话框，在"导出"下拉列表框中选择"状态到文件"选项，在"保存在"下拉列表框中选择需要保存文件的路径，单击 保存(S) 按钮，即可将状态保存为多个文件，如图 11-11 所示。

图 11-11　"导出"对话框

11.3 课堂实训——优化并导出图像

下面通过课堂实训综合练习图像的优化、图像的导出等多个操作，本实训的效果如图 11-12 所示。

素材文件：素材\第 11 章\jinzhuan.png	效果文件：效果\第 9 章\jinzhuan.jif
视频文件：视频\第 11 章\11-2.swf	操作重点：优化、导出矢量对象

图 11-12　效果图

📌 **具体操作**

1　在 Fireworks 中打开素材提供的"jinzhuan.png"矢量文件。

2　选择【文件】/【导出向导】菜单命令，打开"导出向导"对话框，默认选中的"选择导出格式"单选项，单击 继续(C) 按钮，如图 11-13 所示。

3　在打开的对话框中选中"网站"单选项，单击 继续(C) 按钮，如图 11-14 所示。

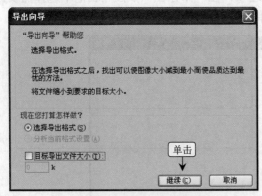

图 11-13　"导出向导"对话框

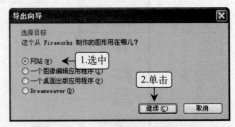

图 11-14　"导出导向"用途对话框

4　打开"分析结果"对话框，显示对当前对象的分析结果，单击 退出(E) 按钮，如图 11-15 所示。

5　打开"图像预览"对话框，其中将显示对当前对象分析后要选择的最适合的优化方案，单击对话框右下方的"保存的设置"下拉列表框右侧的下拉按钮，在弹出的下拉列表中选择"GIF Web216 色"选项，单击 导出(E) 按钮，如图 11-16 所示。

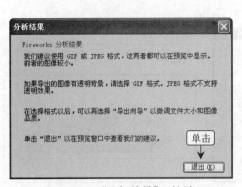

图 11-15 "分析结果"对话框

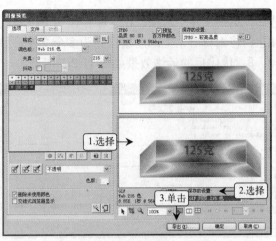

图 11-16 "图像预览"对话框

6 打开"导出"对话框，在"保存在"下拉列表框中选择保存的路径，单击 保存(S) 按钮，即可导出并保存优化后的对象，如图 11-17 所示。

图 11-17 "导出"对话框

7 选择【文件】/【另存为】菜单命令，打开"另存为"对话框，在"另存为类型"下拉列表框中选择"Photoshop PSD"选项，单击对话框右下方的 选项... 按钮，打开"Photoshop 导出选项"对话框，在"设置"下拉列表框中选择"维持 Fireworks 外观"选项，单击 确定 按钮，返回"导出"对话框，在"保存在"下拉列表框中选择保存的路径，单击 保存(S) 按钮，即可将素材提供的矢量对象保存为 PSD 格式，如图 11-18 所示。

图 11-18 将矢量对象保存为 PSD 格式

8 选择【文件】/【导出】菜单命令，打开"导出"对话框，在"导出"下拉列表框中选择"层到文件"选项，在"保存在"下拉列表框中选择需要保存文件的路径，单击 保存(S) 按钮，将素材对象上的图层保存为多个文件，如图 11-19 所示。

9 优化后的最终效果如图 11-20 所示。

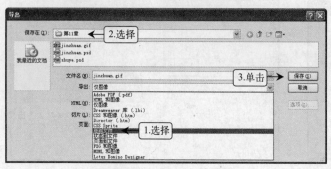

图 11-19 "导出"对话框

图 11-20 效果图

11.4 疑难解答

1. 问：在编辑窗口中能否预览和比较优化效果？

答：能，在编辑窗口的左上方单击"2 幅预览视图"按钮 □2幅 ，即可在编辑窗口中预览和比较优化效果，如图 11-21 所示。

2. 问：如何设置 JPEG 优化效果？

答：JPEG 使用的是压缩方法，这是一种有损的压缩，所以通过改变图像的品质，可以压缩图像的大小程度。品质值越小，压缩的程度越大，图像文件就越小，图像也就越失真，如图 11-22 所示为不同品质下的预览情况。

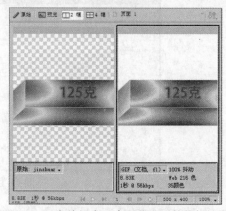

图 11-21 在编辑窗口中预览和比较优化效果

图 11-22 不同品质下的图像效果

3. 问：能否使用复制和粘贴操作导出路径？

答：可以，使用 Fireworks 中的复制和粘贴操作将路径对象复制到剪贴板中，便可以粘贴对象路径到任意一种可以处理矢量图像的应用程序中。

 该操作只能将路径本身复制、粘贴到其他应用程序，无法复制路径中的各种属性。

11.5　课后练习

1. 打开或导入素材提供的任意 PNG 或 JPG 文件，通过"导出向导"对话框，将其做出任意的优化，并将优化的结果导出为 PSD 格式。

2. 打开素材提供的任意 PNG 矢量文件，将矢量文件导出为 PSD 格式。

3. 导入素材提供的包含状态的任意文件，使用"优化"面板优化文件，并将状态导出为多个文件。

第 12 章　综合案例——制作网站首页

教学要点

本章将通过某观赏鱼网站的首页制作，综合练习全书介绍的知识，重点包括矢量图与位图的编辑，文本的添加与设置，滤镜、样式的应用，按钮元件和弹出菜单的设置，以及切片和图像优化等内容。

学习重点与难点

- ➢ 了解网站首页的制作思路
- ➢ 掌握位图的导入、编辑以及使用滤镜美化位图
- ➢ 掌握矢量图的绘制、编辑与美化
- ➢ 熟悉样式的应用
- ➢ 掌握文本的输入和美化
- ➢ 熟悉按钮元件和弹出菜单的应用
- ➢ 熟悉切片、导出向导的操作

12.1　案例目标

本案例将设计一个简单的网站首页，最终效果如图 12-1 所示，该首页通过简单大方的布局，充分体现了网站的用途，并通过醒目的文字和图片快速吸引用户的眼球，几个导航按钮可以使访问者轻松访问需要的资源，极大地简化了访问操作，是一个非常经典的功能性小型网站的首页范例。

素材文件：素材\第 12 章\bg.jpg、pic01.jpg…	效果文件：效果\第 12 章\ttyy.png……
视频文件：视频\第 12 章\12-1.swf、12-2.swf…	操作重点：编辑位图、矢量图、按钮、弹出菜单

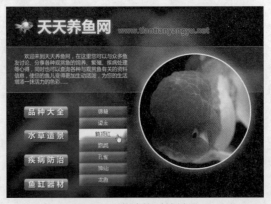

图 12-1　网站首页效果图

12.2　案例分析

在制作本案例之前，首先对网页中涉及的元素以及网页的制作顺序进行系统的认识，这样可以更加顺利且清晰地完成案例。

12.2.1　网页元素分析

本案例制作的网站首页，主要包含位图、矢量图、文字、元件按钮和弹出菜单几大主要元素，各元素的作用分别如下。

（1）位图：首页中包含 3 张位图，分别用于网页背景、站名 LOGO 和网页主题。

（2）矢量图：矢量图主要涉及直线、矩形和椭圆的应用，作用为分隔单一的网页背景以及美化位图。

（3）文字：网页涉及的文字主要用于网页标题和导语。

（4）元件按钮：用于网站导航，为访问者提供清晰可观的访问路线。

（5）弹出菜单：进一步细分网站的功能页面，当鼠标指针移至元件按钮上时，将自动弹出功能菜单，指导访问者访问需要的信息。

12.2.2　案例制作思路

清楚了解网页中涉及的对象后，下面就按照网页背景、网页标题、导语、主题图片、导航按钮及菜单、切片与导出的思路来分析整个案例的制作方法。

（1）网页背景：通过文档的创建与设置，以及位图的导入、滤镜的添加来确定网页的背景。

（2）网页标题：网页的标题主要包含两种元素，一是通过文字和样式来制作标题，另外就是通过导入位图来制作网站 LOGO。

（3）导语：导语主要利用文字来表现，并通过直线和矩形两种矢量图形来突出导语内容，并划分网页背景。

（4）主题图片：主题图片将利用矢量图和位图来完成，并加上一定的滤镜达到需要的效果。

（5）导航按钮及菜单：通过 Fireworks 提供的元件按钮和弹出菜单功能制作出需要的对象。

（6）切片与导出：通过切片功能来合理分隔网页，然后适当对网页进行优化处理，最后将制作的图片导出完成案例。

12.3　案例步骤

根据案例分析的内容，下面将整个案例操作划分为对应的环节，通过分步讲解的方式全面展现整个案例的操作过程。

12.3.1　制作网页背景

具体操作

1　启动 Fireworks CS6，单击工具栏上的"新建"按钮，打开"新建文档"对话框，将画布宽度和高度分别设置为"700 像素"和"500 像素"，选中"画布颜色"栏中的"自定义"单选项，并将画布颜色设置为"黑色"（#000000），最后单击 确定 按钮，如图 12-2 所示。

2 按【Ctrl+S】键打开"另存为"对话框，将新建的文档以"ttyy.png"为名进行保存（保存位置可任意选择），单击 保存(S) 按钮，如图12-3所示。

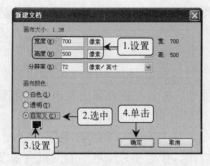

图 12-2　新建文档　　　　　　　　　　图 12-3　保存文档

3 选择【文件】/【导入】菜单命令，打开"导入"对话框，选择光盘提供的"bg.jpg"图形文件，单击 打开(O) 按钮，如图12-4所示。

4 将鼠标指针移至画布左上方，单击鼠标，如图12-5所示。

图 12-4　选择图像素材　　　　　　　　图 12-5　导入图像素材

5 拖动导入的位图，当同时出现水平和垂直的智能辅助线时释放鼠标，如图12-6所示。

6 保持位图的选择状态，单击"属性"面板中"滤镜"栏的"添加"按钮，在弹出的菜单中选择【模糊】/【高斯模糊】菜单命令，如图12-7所示。

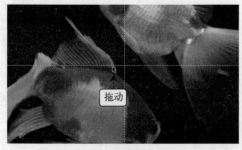
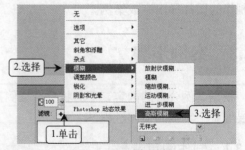

图 12-6　移动位图　　　　　　　　　　图 12-7　选择滤镜

7 打开"高斯模糊"对话框，将模糊范围设置为"10"，单击 确定 按钮，如图12-8所示。

8 单击"属性"面板中"滤镜"栏的"添加"按钮，在弹出的菜单中选择【调整颜色】/【色相/饱和度】菜单命令，如图12-9所示。

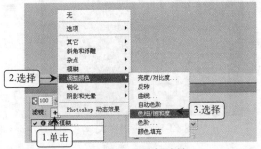

图 12-8　设置模糊范围　　　　　　　　　　　　　图 12-9　选择滤镜

9　打开"色相/饱和度"对话框，将饱和度设置为"-50"，单击 [　确定　] 按钮，如图 12-10 所示。

10　将位图的透明度设置为"50"，完成网页背景的制作，如图 12-11 所示。

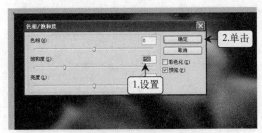

图 12-10　设置饱和度　　　　　　　　　　　　　　图 12-11　调整透明度

12.3.2　制作网页标题

🖱 具体操作

1　在"工具"面板中单击"文本"工具按钮 T，在画布左上方拖动鼠标绘制文本区域，如图 12-12 所示。

2　输入需要的文本内容"天天养鱼网"，如图 12-13 所示。

图 12-12　绘制文本区域　　　　　　　　　　　　图 12-13　输入文本

3　切换回"指针"工具 ，选择【窗口】/【样式】菜单命令，打开"样式"面板。在"类型"下拉列表框中选择"文本整体样式"选项，在下方的列表框中选择倒数第 3 行第 2 个样式选项，如图 12-14 所示。

4　利用"文本"工具 T 选择输入的文本，在"属性"面板中将字体设置为"微软雅黑"、字形设置为"Bold"、字号设置为"40"，并单击"左对齐"按钮 调整文本的对齐方式，如图 12-15 所示。

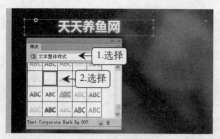

图 12-14　应用样式

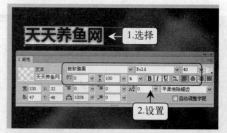

图 12-15　设置文本字体

5　使用"指针"工具拖动文本区域右侧中央的控制点，适当缩小区域大小，如图 12-16 所示。

6　利用"文本"工具创建网址文本，此时文本将应用上次使用的样式，将字号缩小为"20"即可，如图 12-17 所示。

图 12-16　调整文本区域

图 12-17　输入并设置网址文本

7　选择网址文本，单击"属性"面板中的颜色下拉按钮，在弹出的面板中单击下方的"实色填充"按钮，并在"十六进制"文本框中输入"#CC351E"，如图 12-18 所示。

8　适当调整网址文本的位置和区域，如图 12-19 所示。

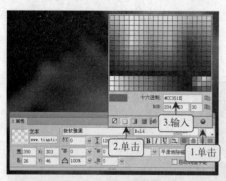

图 12-18　输入颜色代码

图 12-19　调整网址文本位置和区域

9　双击"属性"面板中所选样式自动添加的"光晕"滤镜选项，将"宽度"设置为"1"，柔滑设置为"0"，如图 12-20 所示。

10　选择【文件】/【导入】菜单命令，在打开的对话框中导入光盘提供的"pic02.jpg"图像，如图 12-21 所示。

11　选择导入的位图，单击"工具"面板中的"缩放"工具按钮，拖动位图右上角的控制点，缩小位图尺寸，如图 12-22 所示。

12　切换到"指针"工具，将位图图像移动到网页标题左侧，完成网站 LOGO 图标的创建，效果如图 12-23 所示。

图 12-20 调整文本滤镜

图 12-21 导入位图图像

图 12-22 缩小位图

图 12-23 移动位图

12.3.3 制作导语

具体操作

1 在"工具"面板中使用"矩形"工具绘制一个矩形，取消其轮廓颜色，并将填充颜色设置为"白色"（#FFFFFF），如图 12-24 所示。

2 将矩形的透明度设置为"15"，然后将宽度和高度分别设置为"700"和"120"，如图 12-25 所示。

图 12-24 绘制矩形

图 12-25 设置矩形透明度和大小

3 向左拖动矩形，当画布左边界出现智能辅助线时释放鼠标，如图 12-26 所示。

4 使用"直线"工具结合【Shift】键绘制一条水平直线，如图 12-27 所示。

图 12-26 移动矩形位置

图 12-27 绘制水平直线

5 选择直线，在"属性"面板的"描边种类"下拉列表框中选择"铅笔"选项，在弹出的子列表中选择"1 像素硬化"选项，如图 12-28 所示。

6 单击"轮廓颜色"下拉按钮，将自动变为"滴管"工具的鼠标指针移至网址文本上，单击鼠标吸取橙色（#CC351E），如图 12-29 所示。

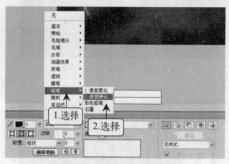

图 12-28 设置直线描边类型

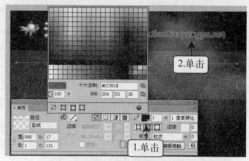

图 12-29 吸取颜色

7 将直线的笔尖大小设置为"2"、宽度设置为"700"，如图 12-30 所示。

8 拖动直线至矩形上方，当同时出现垂直和水平的智能辅助线时释放鼠标，如图 12-31 所示。

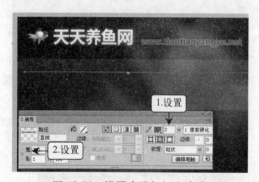

图 12-30 设置直线粗细和宽度

图 12-31 移动直线

9 按住【Alt】键向下拖动直线，同时按住【Shift】键保持垂直移动，当移至矩形下边框，并出现水平智能辅助线时释放鼠标，如图 12-32 所示。

10 切换到"文本"工具 T，输入如图 12-33 所示的文本内容。

图 12-32 复制并移动直线

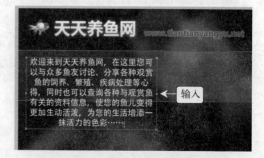

图 12-33 输入文本

11 选择输入的文本，将字体格式设置为"微软雅黑、Regular、14、白色"，如图 12-34 所示。

12 单击"左对齐"按钮▤将文本对齐方式设置为"左对齐"，在文本开始处单击鼠标定位插入点，按多次空格键，调整首行缩进的距离，如图 12-35 所示。

图 12-34 设置文本格式

图 12-35 调整文本对齐方式和缩进距离

13 使用"指针"工具▨移动文本，利用智能辅助线使其与 LOGO 图像的左侧对齐，如图 12-36 所示。

14 利用键盘上的上下方向键，适当调整文本的垂直距离，使其位于矩形的中央位置，效果如图 12-37 所示。

图 12-36 调整文本水平位置

图 12-37 调整文本垂直位置

12.3.4 制作主题图片

具体操作

1 在"工具"面板中切换到"椭圆"工具◯，绘制椭圆，将宽度和高度均设置为"300"，如图 12-38 所示。

2 取消椭圆的填充颜色，将轮廓颜色设置为"白色"、轮廓大小设置为"3"，如图 12-39所示。

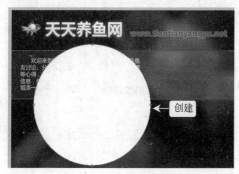

图 12-38 绘制椭圆

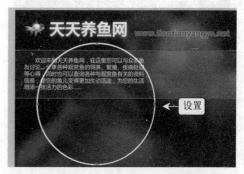

图 12-39 设置椭圆填充和轮廓颜色

3 导入光盘提供的"pic01.jpg"图像文件，然后在导入的位图图像上单击鼠标右键，在弹出的快捷菜单中选择【排列】/【下移一层】菜单命令，如图 12-40 所示。

4 利用"缩放"工具 ![] 缩小位图，将需要显示的内容完全包含在正圆中即可，如图 12-41 所示。

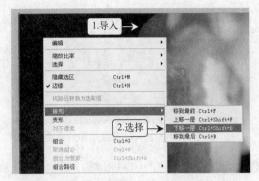

图 12-40 调整对象排列顺序

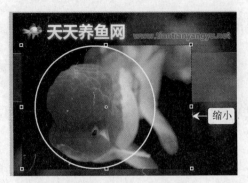

图 12-41 缩小位图

5 选择位图图像，然后选择【编辑】/【剪切】菜单命令，如图 12-42 所示。
6 选择正圆图形，然后选择【编辑】/【粘贴于内部】菜单命令，如图 12-43 所示。

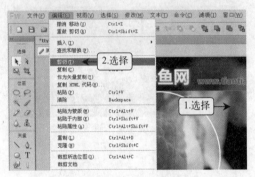

图 12-42 剪切位图

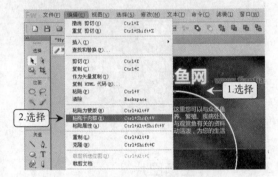

图 12-43 粘贴位图

7 此时位图将粘贴到正圆内部，两个对象将自动组合为一个对象，如图 12-44 所示。
8 选择组合的对象，在"属性"面板中单击"滤镜"栏的"添加"按钮 ![]，在弹出的菜单中选择【阴影和光晕】/【光晕】菜单命令，如图 12-45 所示。

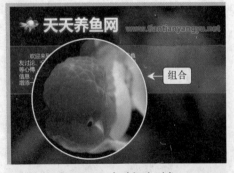

图 12-44 自动组合对象

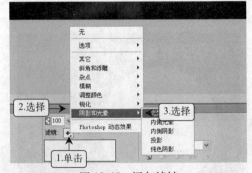

图 12-45 添加滤镜

9 将光晕宽度设置为"5"、光晕颜色设置为"白色"、光晕不透明度设置为"50%"、柔滑程度设置为"20"、偏移程度设置为"0"，如图 12-46 所示。
10 将组合对象移动到画布右侧，高度与导语上边缘对齐即可，效果如图 12-47 所示。

图 12-46　设置滤镜参数

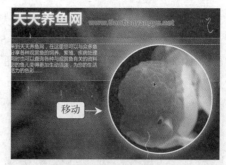

图 12-47　移动组合对象

12.3.5　制作导航按钮

具体操作

1　使用"圆角矩形"工具◻绘制一个圆角矩形，将宽度和高度分别设置为"120"和"30"，如图 12-48 所示。

2　切换到"缩放"工具🔍，拖动鼠标框选圆角矩形附近的区域，如图 12-49 所示。

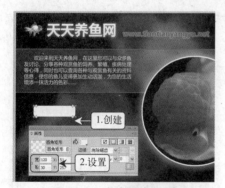

图 12-48　绘制圆角矩形

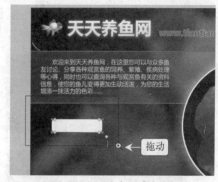

图 12-49　放大圆角矩形

3　拖动圆角矩形左上角的黄色控制点，适当减少圆角度，如图 12-50 所示。

4　双击"缩放"工具🔍快速回到100%的显示比例，为圆角矩形应用"塑料样式"类型下的"Plastic 066"样式，如图 12-51 所示。

> 💡**TIPS**　单击圆角矩形上的黄色控制点可以改变圆角类型，反复单击该控制点，便可以实现在凹角、切角和圆角之间的循环切换。

图 12-50　调整圆角度

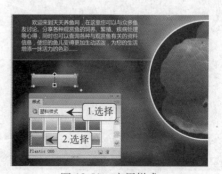

图 12-51　应用样式

5 使用"文本"工具 T 创建"品种大全"文本，各文字之间用空格隔开，将文本格式设置为"微软雅黑、Bold、20"，如图 12-52 所示。

6 单击"属性"面板中"滤镜"栏的"添加"按钮，在弹出的菜单中选择【阴影和光晕】/【投影】菜单命令，如图 12-53 所示。

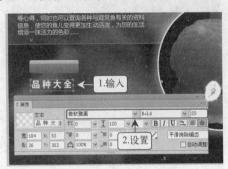
图 12-52　输入并设置文本

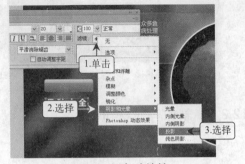
图 12-53　添加为滤镜

7 将阴影大小设置为"3"、不透明度设置为"50%"、柔化程度设置为"0"、角度设置为"315"，如图 12-54 所示。

8 将文本移到圆角矩形上方，利用【Shift】键同时选择圆角矩形，然后单击鼠标右键，在弹出的快捷菜单中选择"组合"命令，如图 12-55 所示。

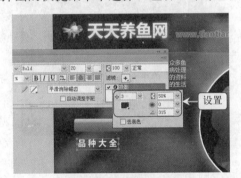
图 12-54　设置投影参数

图 12-55　组合对象

9 利用【Alt】键复制出 3 个组合对象，如图 12-56 所示。

10 切换到"文本"工具 T，选择第 2 个组合对象，将文本内容修改为"水草造景"，各文字之间同样用空格隔开，如图 12-57 所示。

图 12-56　复制组合对象

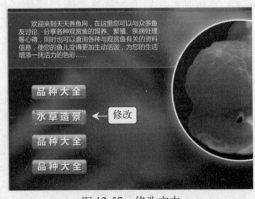
图 12-57　修改文本

11 按相同方法继续将其他两个组合对象的文本内容修改为需要的内容，如图 12-58 所示。

12 选择"品种大全"组合对象，然后选择【修改】/【元件】/【转换为元件】菜单命令，如图 12-59 所示。

图 12-58　修改文本　　　　　　　　　　图 12-59　转换为元件

13 打开"转换为元件"对话框，将名称设置为"pzdq"，选中"类型"栏中的"按钮"单选项，单击 确定 按钮，如图 12-60 所示。

14 此时组合对象将转换为元件按钮，双击该元件按钮，如图 12-61 所示。

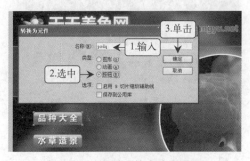

图 12-60　设置元件名称和类型　　　　　图 12-61　双击元件按钮

15 进入到按钮编辑状态，选择该按钮对象，按【Ctrl+C】键复制，如图 12-62 所示。

16 单击按钮外的其他区域，在"属性"面板的"状态"下拉列表框中选择"滑过"选项，按【Ctrl+V】键粘贴复制的按钮，如图 12-63 所示。

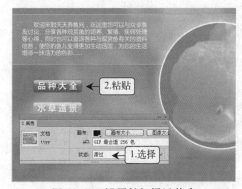

图 12-62　复制按钮　　　　　　　　　　图 12-63　设置按钮滑过状态

17 选择粘贴的按钮，为其添加"光晕"滤镜，参数设置为如图 12-64 所示。设置完成后双击按钮以外的其他区域，退出按钮编辑状态。

18 选择"水草造景"组合对象，按【F8】键快速打开"转换为元件"对话框，将名称设置为"sczj"，选中"类型"栏中的"按钮"单选项，单击 确定 按钮，如图 12-65 所示。

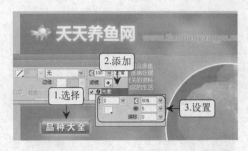

图 12-64　添加滤镜

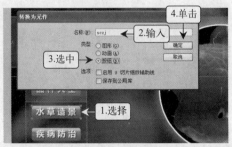

图 12-65　设置元件名称和类型

19 双击转换后的元件按钮进入按钮编辑状态，然后选择该按钮对象，按【Ctrl+C】键复制，如图 12-66 所示。

20 单击按钮外的其他区域，在"属性"面板的"状态"下拉列表框中选择"滑过"选项，按【Ctrl+V】键粘贴复制的按钮，如图 12-67 所示。

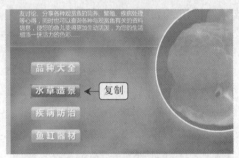

图 12-66　复制按钮

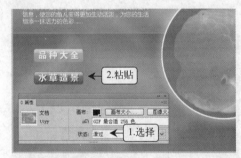

图 12-67　设置按钮滑过状态

21 选择粘贴的按钮，为其添加"光晕"滤镜，参数设置如图 12-68 所示。设置完成后双击按钮以外的其他区域，退出按钮编辑状态。

22 按相同方法转换"疾病防治"按钮，为"滑过"状态添加相同光晕，如图 12-69 所示。

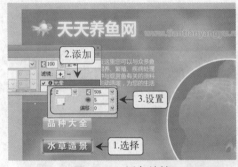

图 12-68　添加滤镜

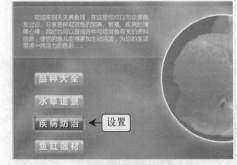

图 12-69　转换元件

23 转换"鱼缸器材"按钮，为"滑过"状态添加光晕滤镜，如图 12-70 所示。

24 同时选择 4 个按钮，选择【修改】/【对齐】/【均分高度】菜单命令，如图 12-71 所示。

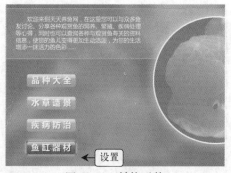

图 12-70 转换元件

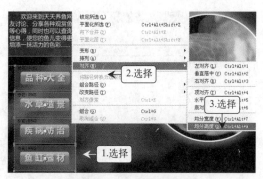

图 12-71 均分按钮高度

25 选择【修改】/【对齐】/【左对齐】菜单命令，如图 12-72 所示。

26 完成导航按钮的制作，效果如图 12-73 所示。

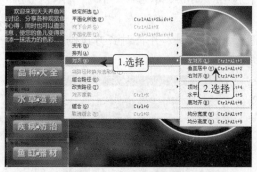

图 12-72 左对齐按钮

图 12-73 导航按钮效果

12.3.6 制作弹出菜单

具体操作

1 选择"品种大全"按钮，然后选择【修改】/【弹出菜单】/【添加弹出菜单】菜单命令，如图 12-74 所示。

2 打开"弹出菜单编辑器"对话框，在"文本"栏下的文本框中双击鼠标，定位插入点后输入需要的文本"锦鲤"，如图 12-75 所示。

图 12-74 添加弹出菜单

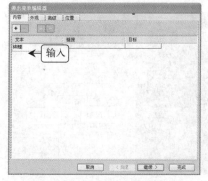

图 12-75 设置弹出菜单文本

3 按相同方法双击其他文本框，输入该菜单项对应的链接目标和打开方式，如图 12-76 所示。

4 添加弹出菜单中的其他菜单项，以及菜单项对应的链接目标和打开方式，如图 12-77 所示。

图 12-76 设置链接目标和打开方式

图 12-77 添加其他菜单项

5 单击"外观"选项卡，在"单元格"栏中选中"图像"单选项，在"字体"下拉列表框中选择如图 12-78 所示的选项。

6 将字体大小设置为"14"，取消文本的加粗、倾斜效果，并将对齐方式设置为"居中对齐"，如图 12-79 所示。

图 12-78 设置字体

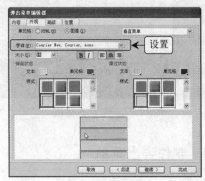

图 12-79 设置字号、字形和对齐方式

7 在"弹起状态"栏中将文本颜色设置为"白色"、单元格颜色吸取直线的颜色"#CC351E"，如图 12-80 所示。

8 在"样式"列表框中选择如图 12-81 所示的选项，然后将"滑过状态"栏中的文本颜色设置为"#CC351E"，单元格颜色设置为"白色"，并应用弹起状态的样式。

图 12-80 设置颜色

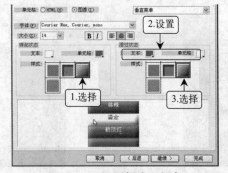

图 12-81 设置样式和颜色

9 单击"高级"选项卡，将单元格宽度、高度和边距分别设置为"130"、"30"和"6"，如图 12-82 所示。

10 单击"位置"选项卡，选择"菜单位置"栏中最右侧的选项，单击 完成 按钮，如图 12-83 所示。

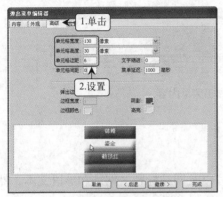

图 12-82　设置单元格参数

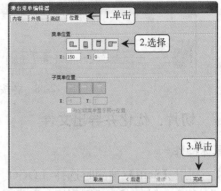

图 12-83　设置菜单位置

11 选择"品种大全"按钮，此时将出现添加的弹出菜单区域，拖动该区域适当调整弹出菜单的垂直位置，如图 12-84 所示。

12 选择"水草造景"按钮，为其添加弹出菜单，菜单内容如图 12-85 所示。

图 12-84　调整菜单垂直位置

图 12-85　设置菜单内容

13 单击"外观"选项卡，弹出菜单将应用上一次设置的菜单样式，直接单击 完成 按钮即可，如图 12-86 所示。

14 适当调整"水草造景"按钮的弹出菜单位置，如图 12-87 所示。

图 12-86　完成设置

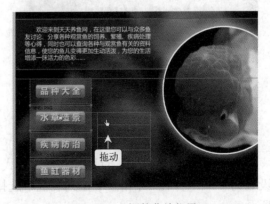

图 12-87　调整菜单位置

15 按相同方法为其他按钮添加弹出菜单并调整菜单位置，其中"疾病防治"按钮和"鱼缸器材"按钮对应的弹出菜单内容如图 12-88 所示。

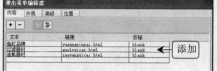

图 12-88　各按钮对应的弹出菜单内容

12.3.7　切片、优化并导出文件

🖱 具体操作

1 利用【Shift】键同时选择 LOGO、主题图片以及网站标题、网址和导语文本，然后选择【编辑】/【插入】/【矩形切片】菜单命令，如图 12-89 所示。

2 打开提示对话框，单击 多重(M) 按钮进行多重切片，如图 12-90 所示。

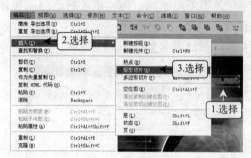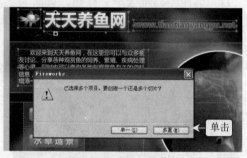

图 12-89　插入切片　　　　　　　　　　图 12-90　多重切片

3 单击画布以外的区域取消对象的选择，然后选择【文件】/【导出向导】菜单命令，打开"导出向导"对话框，选择"选择导出格式"单选项，单击 继续(C) 按钮，如图 12-91 所示。

4 在打开的对话框中选择"网站"单选项，单击 继续(C) 按钮，如图 12-92 所示。

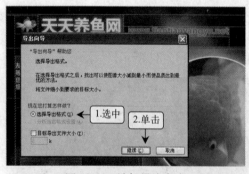

图 12-91　选择导出方式　　　　　　　　图 12-92　选择导出目标

5 打开"分析结果"对话框，直接单击 退出(E) 按钮，如图 12-93 所示。

6 打开"图像预览"对话框，在"格式"下拉列表框中选择"JPEG"选项，将品质设置为"60"，并在"平滑"下拉列表框中选择"2"选项，单击 导出(E)... 按钮，如图 12-94 所示。

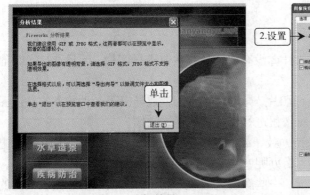

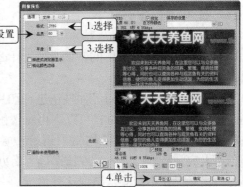

图 12-93　分析结果　　　　　　　　　图 12-94　优化文件

7 打开"导出"对话框，设置保存位置和文件名，然后单击 保存(S) 按钮，如图 12-95 所示。

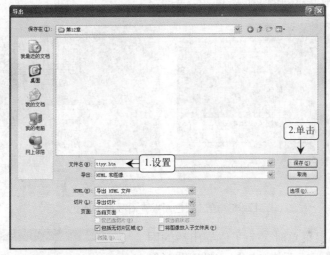

图 12-95　导出文件

8 打开文件导出所保存的文件夹窗口，双击"ttyy.htm"文件，如图 12-96 所示。

9 此时将启动网页浏览器，并显示制作的网站首页效果，将鼠标指针移至某个导航按钮后，会自动弹出对应的菜单，单击菜单中的某个菜单项便打开链接的网页文件，如图 12-97 所示。

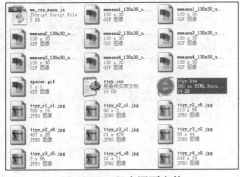

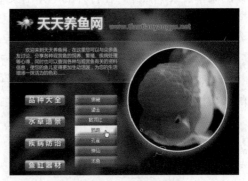

图 12-96　双击网页文件　　　　　　　图 12-97　显示网页效果

12.4 疑难解答

1. 问：在制作前面讲解的案例时，为什么没有选择导航按钮进行切片，而只选择了其他对象呢？

答：Fireworks 将自动对元件按钮进行切片，导出时实际上就是导出了各种状态的按钮图片，因此对文档进行切片时，可以不再对按钮进行切片操作了。

2. 问：为了使文档中应用的颜色保持一致，经常会用到"滴管"工具，可是有些对象上的颜色不太容易吸取，万一吸取错误该怎么办呢？

答：实际操作中会经常出现这种情况，一些颜色区域过小而不方便吸取，导致吸取到的颜色不是需要的颜色。其实在吸取时，可以利用颜色面板同步显示当前颜色便能很好地判断是否吸取到了需要的颜色。如图 12-98 所示，当"滴管"工具停留在蓝色区域时，弹出的颜色面板中会显示当前可以吸取的颜色，且同时会显示颜色代码，如果将"滴管"工具移到黄色区域，颜色面板中显示的内容也会同步发生变化。

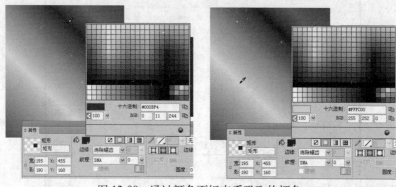

图 12-98　通过颜色面板查看吸取的颜色

3. 问：添加弹出菜单时，为了使导出后的网页文件显得更加美观，需要使各按钮的弹出菜单保持在同一垂直位置，手动调整就不能轻易得到这种效果，有没有什么方法解决呢？

答：有。选择需要调整位置的包含弹出菜单的导航按钮，然后选择【修改】/【弹出菜单】/【编辑弹出菜单】菜单命令，在打开的"弹出菜单编辑器"对话框中单击"位置"选项卡，在"X"和"Y"文本框中输入精确的坐标位置即可，如图 12-99 所示。如果想保持各弹出菜单在垂直方向上一致，则将 Y 坐标的参数设置为相同数值；反之，将 X 坐

图 12-99　精确设置弹出菜单位置

标的参数设置为相同数值可达到使可弹出菜单在水平方向一致的效果。

12.5 课后练习

根据所学的知识，制作如图 12-100 所示的某旅游网网站首页（素材文件：素材\第 12 章

\课后练习\jzg01.jpg、jzg02.jpg……；效果文件：效果\第 12 章\课后练习\awy.html……）。

提示：

（1）创建 1000×640 的白色文档，然后创建相同大小的矩形，为其应用样式作为此网页的背景。

（2）使用"文本"工具创建网站标题、网址和导航文本，并应用相应的样式。

（3）使用"文本"工具创建网页主题文本、网页下方导航文本和版权文本，并应用样式或手动设置格式。

（4）使用"矩形"工具创建并复制 4 个正方形，为正方形应用描边色点样式。

（5）导入提供的 4 张位图，通过"粘贴于内部"的方式与 4 个矩形进行组合。

（6）对网页中的各文本和图像进行多重矩形切片。

（7）为"境外游"文本添加弹出菜单。

（8）为其余导航文本添加矩形热点区域，并链接到相应的网页文件。

（9）优化并导出 Fireworks 文档。

图 12-100　"爱我游"网站首页

读者回函卡

亲爱的读者：

　　感谢您对海洋出版社IT图书出版工程的支持！为了今后能为您及时提供更实用、更精美、更优秀的计算机图书，请您抽出宝贵时间填写这份读者回函卡，然后剪下并邮寄或传真给我们，届时您将享有以下优惠待遇：

- 不定期抽取幸运读者参加我社举办的技术座谈研讨会。
- 意见中肯的热心读者能及时收到我社最新的免费图书资讯和赠送的图书。

姓　名：＿＿＿＿　　性别：□男 □女　　年　龄：＿＿＿＿＿

职　业：＿＿＿＿　　　　　　爱　好：＿＿＿＿＿＿＿＿

联络电话：＿＿＿＿＿＿　　电子邮件：＿＿＿＿＿＿＿＿

通讯地址：＿＿＿＿＿＿＿＿＿＿＿　　邮编：＿＿＿＿

1 您所购买的图书名：＿＿＿＿＿＿＿＿＿　购买地点：＿＿＿＿＿＿

2 您现在对本书所介绍的软件的运用程度是在：□ 初学阶段 □ 进阶／专业

3 本书吸引您的地方是：□ 封面　□ 内容易读　□ 作者　　价格　□ 印刷精美

　　　　　　　　　　□ 内容实用　□ 配套光盘内容　　其他＿＿＿＿＿＿＿＿

4 您从何处得知本书：□ 逛书店　　□ 宣传海报　　□ 网页　　□ 朋友介绍

　　　　　　　　　　□ 出版书目　□ 书市　□ 其他

5 您经常阅读哪类图书：

　　□ 平面设计　□ 网页设计　□ 工业设计　□ Flash 动画　□ 3D 动画　□ 视频编辑

　　□ DIY　□ Linux　□ Office　□ Windows　　□ 计算机编程　　其他＿＿＿＿

6 您认为什么样的价位最合适：

7 请推荐一本您最近见过的最好的计算机图书：＿＿＿＿＿＿＿

8 书名：＿＿＿＿＿＿＿＿＿＿＿　出版社：＿＿＿＿＿＿＿

9 您对本书的评价：＿＿＿＿＿＿＿＿＿＿＿＿＿＿＿＿＿＿

＿＿＿＿＿＿＿＿＿＿＿＿＿＿＿＿＿＿＿＿＿＿＿＿＿＿＿

　　您还需要哪方面的计算机图书，对所需的图书有哪些要求：

＿＿＿＿＿＿＿＿＿＿＿＿＿＿＿＿＿＿＿＿＿＿＿＿＿＿＿

　　　社　　　址：北京市海淀区大慧寺路 8 号　　网　　址：www.oceanpress.com.cn

　　　技术支持：474316962@qq.com　　　　编辑热线：010-62100055

　　　邮局汇款地址：北京市海淀区大慧寺路 8 号海洋出版社教材出版中心　邮编：100081

　　　　　　　　　　　　　海洋出版社